ZEITSCHRIFT FÜR ANGEWANDTE GEOLOGIE

HERAUSGEGEBEN VON

DER STAATLICHEN GEOLOGISCHEN KOMMISSION

UND DER ZENTRALEN VORRATSKOMMISSION

DER DEUTSCHEN DEMOKRATISCHEN REPUBLIK

AUS DEM INHALT

AKADEMIE-VERLAG · BERLIN

BAND 9 / HEFT 9
SEPTEMBER 1963
SEITE 449—504

Die ZEITSCHRIFT FÜR ANGEWANDTE GEOLOGIE berichtet ständig über folgende Arbeitsgebiete: Geologische Grundlagenforschung und Lagerstättenforschung / Methodik der geologischen Erkundung / Ökonomie und Planung der geologischen Erkundung / Technik der geologischen Erkundung / Geologie und Lagerstättenkunde im Ausland. In der Zeitschrift können alle strittigen Fragen der praktischen Geologie behandelt werden. Die Autoren übernehmen für ihre Aufsätze die übliche Verantwortung.

Berichtigung

In Band 9 (1963), Heft 6, S. 287, muß die Legende und Bildunterschrift der Abb. 3 des Beitrages PREUSS „Durchführung und Auswertung von makropetrographischen Flözprofilaufnahmen in Tagebauen des östlichen Niederlausitzer Unterflözes“ richtig lauten:

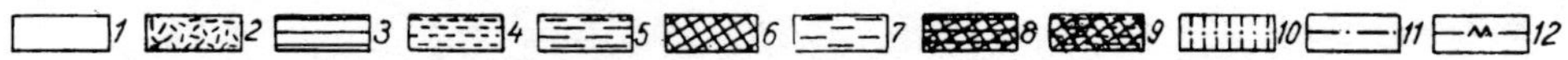

Abb. 3 Makropetrographisches Profil des Tagebaues Bluno

1 – ungeschichtete Kohle; 2 – ungeschichtete Kohle mit Detritus; 3 – geschichtete Kohle; 4 – schwachgeschichtete Kohle; 5 – schwach- bis ungeschichtete Kohle; 6 – xylitische Kohle; 7 – Mulmkohle; 8 – geschichtete Kohle mit Xylit; 9 – schwachgeschichtete Kohle mit Xylit; 10 – Zwischenmittel; 11 – Bitumenkohle; 12 – Nadelkohle

Der Verfasser

ZEITSCHRIFT FÜR ANGEWANDTE GEOLOGIE

KOLLEKTIVE CHEFREDAKTION

Dr. K. KAUTER (Redaktionssekretär)
Dr. F. STAMMBERGER
Dr. G. TISCHENDORF
Dipl.-Berging.-Geol. G. ZINDLER

BAND 9 · SEPTEMBER 1963 · HEFT 9

Über die erzmikroskopischen Untersuchungen des Kupferschiefers und seines unmittelbaren Liegenden im Raum Spremberg–Weißwasser[1]

MARIA LANGER, Berlin

(Mitteilung aus dem Zentralen Geologischen Institut, Berlin)

Einleitung

Die im Raum Spremberg—Weißwasser durchgeführte Objekterkundung auf Kupferschiefer forderte eine erzmikroskopische Bearbeitung des Probenmaterials unter besonderer Berücksichtigung der aufbereitungstechnischen Charakteristik des Erzes. Zu diesem Zwecke wurden von 25 Bohrungen aus diesem Gebiet der Kupferschiefer und das unmittelbar Liegende lagenweise auf ihren Erzmineralbestand, auf die Verwachsungsformen der Erze miteinander und mit dem Nebengestein und auf die Strukturen und die Korngrößen der Erzminerale untersucht. Die Erzmineralverteilung wurde kartenmäßig in Säulendiagrammen für die untersuchten Bohrungen dargestellt. Obgleich einige Bohrungen erhebliche Erzkonzentrationen im tieferen Liegenden aufweisen, konnten diese bei der Bearbeitung nicht berücksichtigt werden. Ihre Beschreibung und Auswertung bleibt späteren Arbeiten vorbehalten.

Ergebnisse der erzmikroskopischen Untersuchungen

Die wichtigsten Ergebnisse der erzmikroskopischen Bearbeitung können aus der Erzmineralverteilungskarte abgelesen werden (Abb. 1). Diese Karte stellt die Verteilung der Hauptmineralien nach Zonen dar. Dabei läßt sich sowohl in vertikaler als auch in horizontaler Richtung besonders vom Rote-Fäule-Rand im N und NW der Struktur eine Veränderung in der Mineralisation erkennen. Die kupferreichen Bohrungen befinden sich im nördlichen Teil des Kupferfeldes von Graustein, während im zentralen Teil der Struktur und nach SE vorwiegend eine Blei-Zink-Mineralisation ausgebildet ist. Eine Ausnahme bilden die Bohrungen Spremberg 15 und 84 (hier nicht dargestellt), die mit ihrer Kupfermineralisation isoliert im Blei-Zink-Feld stehen. Ebenfalls eine Ausnahme bildet die Bohrung Spremberg 36, die als fast reine Bleibohrung in der Lage 1 Kupferglanz und Bornit aufweist. Im W der Struktur ist vorwiegend Pyrit bzw. Markasit ausgebildet (Spr. 17 und 24).

Die erzmikroskopische Untersuchung ergab in den genannten Bohrungen eine Verbreitung folgender Mineralien:

Kupfererze: Bornit, Chalkopyrit, Chalkosin, Neodigenit, Covellin, Idait und Tennantit.
Bleierze: Bleiglanz; (Anglesit, Cerussit).
Zinkerze: Zinkblende.

Außer diesen Erzmineralien sind Pyrit und Markasit weit verbreitet; selten treten Bravoit, gediegen Silber und ein zinkblendeähnliches Mineral auf, das bisher noch nicht bestimmt werden konnte.

Das unmittelbare Liegende

Die Erzführung des Liegenden ist sehr unterschiedlich. Die verbreitetsten Erzmineralien sind Pyrit, Chalkopyrit, Bornit, Bleiglanz, Zinkblende und wenig Covellin, der sich auf Bornit bildet. Anglesit und Cerussit treten nur selten und dann als Verdränger des Bleiglanzes auf. In einem Falle sitzt Cerussit auf Spaltflächen von Bleiglanz, der von einem Anglesitsaum umgeben wird.

Eines ist aber für das Liegende aller Bohrungen mehr oder weniger einheitlich: die Verbreitung der Erzmineralien im Bindemittel. Sie bilden in der Regel Verwachsungsaggregate mit allotriomorpher Struktur in einer durchschnittlichen Größe von $50 \times 40\ \mu m$; die kleinsten liegen etwa bei $10 \times 8\ \mu m$. Im Unterschied zu den Erzkörnern im Flöz haben sie meist ein dichtes Gefüge (Abb. 2). Pyrit, der im Liegenden gelegentlich als dominierendes Mineral auftritt, ist meist in Form von „vererzten Bakterien" ausgebildet. Dies sind $1-5\ \mu m$ große kugelige Gebilde, die meist durch ein anderes Erzmineral (am häufigsten durch Bleiglanz) miteinander verkittet werden. Teilweise sind diese Kügelchen zu idiomorphen Kriställchen sammelkristallisiert, teilweise werden sie durch Markasit verdrängt.

Auf Grund der Erzmineralverbreitung im Bindemittel ist es verständlich, daß Verdrängungen des Gesteins- und Mineraldetritus häufig sind. Es handelt sich hierbei,

[1]) Eingang des Manuskripts in der Redaktion: 22. 5. 1963

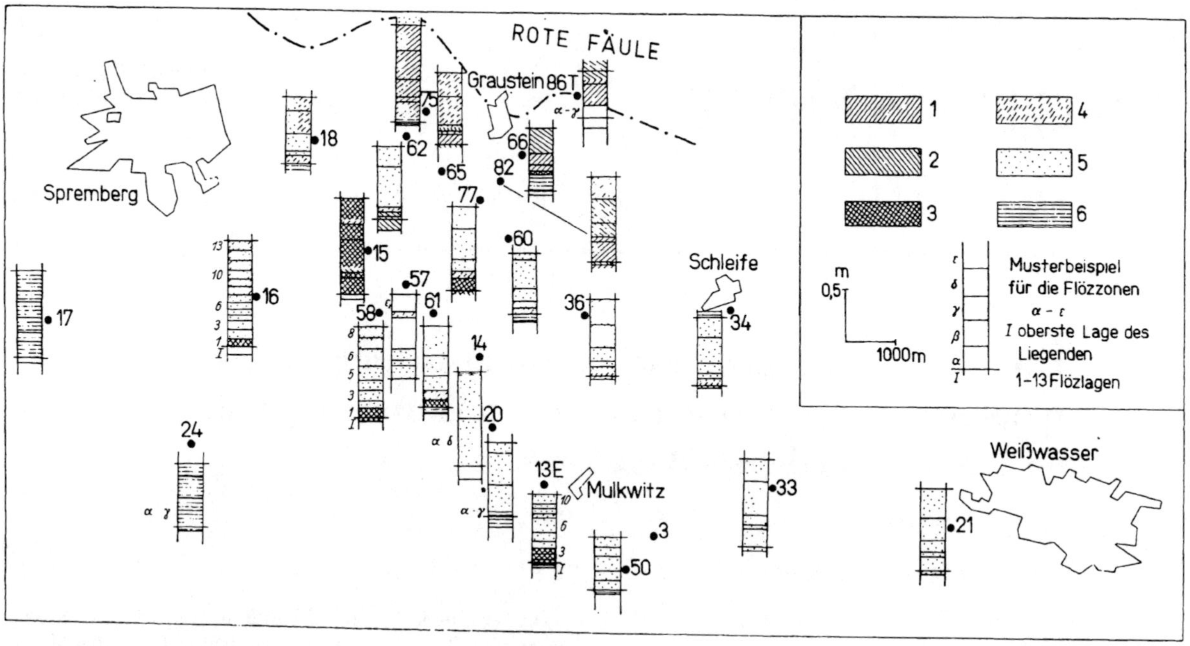

Abb. 1. Erzmineralverteilung im Kupferschiefer und dessen unmittelbarem Liegendem — Struktur Mulkwitz
1 — Kupferglanz; 2 — Buntkupferkies; 3 — Kupferkies; 4 — Bleiglanz; 5 — Zinkblende; 6 — Pyrit; α—ε Flözzonen; 1 — 13 Flözlagen

wie aus Abb. 2 ersichtlich, um sekundäre Verdrängungen des Detritus durch den Zement. Im wesentlichen sind dies Feldspatgeröllchen, die auf Spaltflächen oder vom Rande her durch das Erz verdrängt werden. Allerdings sind auch Gerölle anzutreffen, die nur im Inneren von Sulfiden verdrängt werden, also schon als „primäre Erzgeröllchen" in den Sandstein gekommen sein können. Eine solche Vererzung, die nicht über die Korngrenzen hinwegsetzt, zeigen nur sehr wenige Feldspatgerölle und die wenigen gut abgerollten Vulkanitgeröllchen.

Eine interessante Verwachsungsform ist aus dem Liegenden der Bohrung Spremberg 82 zu erwähnen. Bornit ist hier orientiert mit Rutillamellen verwachsen (Abb. 3). Ursprünglich lag ein Silikatgeröll mit Rutillamellen vor.

Das Kupferschieferflöz

Der Kupferschiefer ist in diesem Gebiet meist als dolomitischer Mergelschiefer ausgebildet. Der rhythmische Wechsel von tonig-bituminösen und karbonatischen Ablagerungen läßt eine deutliche Schichtung sichtbar werden. Die wesentlichsten Kupferträger sind im Flöz am Rote-Fäule-Rand Chalkosin und Bornit und in weiterer Entfernung Kupferkies. Außer diesen Mineralen sind Bleiglanz, Zinkblende und Pyrit weit verbreitet. Als sekundäre Verdrängungsmineralien treten beim Bornit Covellin und Kupferkies, beim Bleiglanz Anglesit (selten) auf.

Unabhängig von den Mineralparagenesen bilden die Erzminerale drei verschiedene Verbreitungstypen:

a) die Erzminerale sind fein verteilt als Speise,
b) sie füllen epigenetische Schrumpfungsrisse aus,
c) sie füllen Klüfte und Haarrisse, die tektonisch entstanden sind.

Im Unterschied zu den Erzen im Liegenden sind die Strukturen im Flöz meist zellig, flockig oder porös (Abb. 4). Charakteristisch für die Erzminerale Bornit, Chalkopyrit, Bleiglanz und Zinkblende sind Abscheidungen an organischen Resten. Am häufigsten ist diese Erscheinung aber beim Pyrit oder Markasit anzutreffen (Abb. 5). Wahrscheinlich handelt es sich dabei um mit Erz ausgefüllte Foraminiferenkammern. Pyrit ist, wie Abb. 5 zeigt, in Form „vererzter Bakterien" ausgebildet, die größtenteils von Bleiglanz, z. T. auch von Chalkopyrit oder Bornit zementiert werden. Oft sind die kleinen Kügelchen der „vererzten Bakterien" zu mehr oder weniger idiomorphen Kriställchen sammelkristallisiert. Sehr häufig wird der Pyrit von Markasit verdrängt. In der Bohrung Spremberg 24 zeigt der Pyrit eine Zonarstruktur, die ohne Strukturätzung erkennbar ist (Abb. 6). Die Zonen unterscheiden sich durch deutliche Farbunterschiede: Die einen Zonen zeigen die typische Pyritfarbe, die anderen sind schwach violett gefärbt. Es han-

Abb. 2. Die Sulfide bilden Zwickelfüllungen zwischen den Geröllchen. Die Gerölle werden von Sulfiden korrodiert, z. T. sogar vollständig von ihnen verdrängt.
Vergr. 200 ×, Öl; Schliff-Nr. 676/59; Probe-Nr. 1013 (Aufn. ZASTROW)

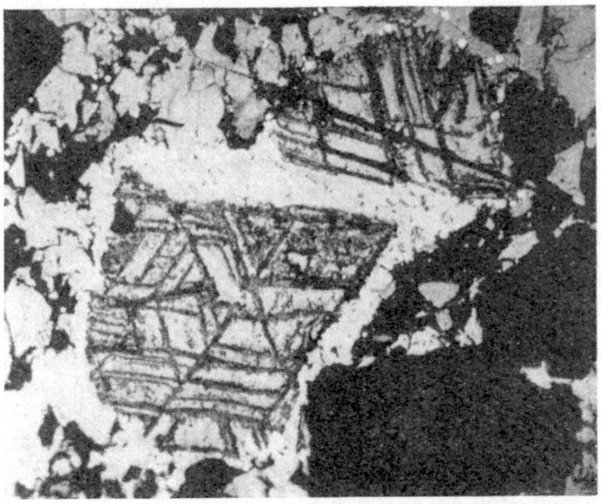

Abb. 3. Gitterartige Verwachsungen von Bornit und Rutillamellen im Sanderz
Vergr. 300 ×, Öl, Nic; Schliff-Nr. 185/61; Probe-Nr 82/I (Aufn. ZASTROW)

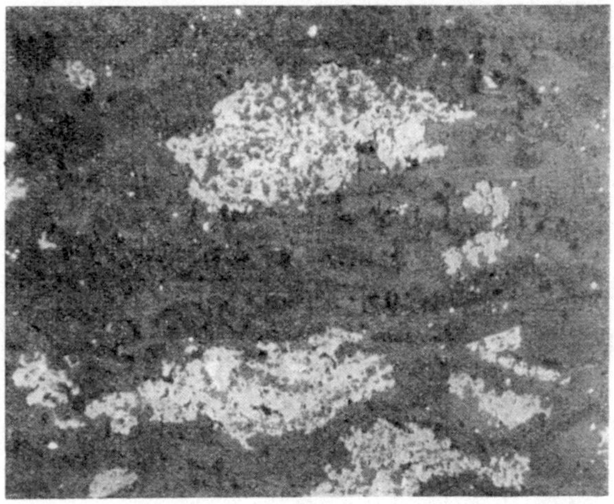

Abb 4. Zellenzinkblende
Vergr 160 ×, Schliff-Nr. 409/59; Probe-Nr. 521/26 (Aufn. ZASTROW)

delt sich hier um nickelangereicherte Zonen im Pyrit, also um Bravoit.

In der Regel bilden die Erzminerale Verwachsungsaggregate. Bornit verdrängt den Chalkosin, obwohl auch Verdrängung des Bornits durch Chalkosin anzutreffen ist. Größtenteils wird Bornit aber durch Chalkopyrit verdrängt, seltener durch Covellin. Häufig beginnt die Verdrängung mit dünnen Kupferkiesflammen und gewinnt erst allmählich flächenhafte Ausdehnung Seltener kommt es vor, daß die Minerale konzentrische Verwachsungsformen zeigen. Um einen Kupferkies- bzw. Bornitkern lagerten sich Bornit und Bleiglanz Eine interessante Verwachsungsform zeigen Bornit und Chalkosin in der Bohrung Spremberg 66: Winzige Bornittröpfchen befinden sich im Chalkosin Sie bilden eine myrmekitähnliche Struktur. Gelegentlich ist es auch umgekehrt — Chalkosintröpfchen befinden sich im Bornit.

Chalkopyrit, der in der Chalkosin-Bornit-Paragenese meist als sekundäres Verdrängungsmineral auftritt, ist in den vom Rote-Fäule-Rand entfernteren Lagerstättenteilen primärer Entstehung.

Bleiglanz und Zinkblende zeigen in ihrem Gefüge kaum bedeutende Besonderheiten. Bei einigen kompakten Zinkblendekörnern ist bei + Nic. eine Zonarität erkennbar (Abb. 7). Nach der Farbe der Innenreflexe zu urteilen, handelt es sich wahrscheinlich um rhythmische Veränderungen im Chemismus, eisenreichere Zinkblende wechselt mit eisenärmerer.

Bleiglanz wird in einigen Proben von Anglesit verdrängt. Bleiglanz bildet oft Verwachsungen mit Kupferkies. Allerdings sind bei diesen Verwachsungen die Altersbeziehungen schwer zu erkennen. Die Grenzen

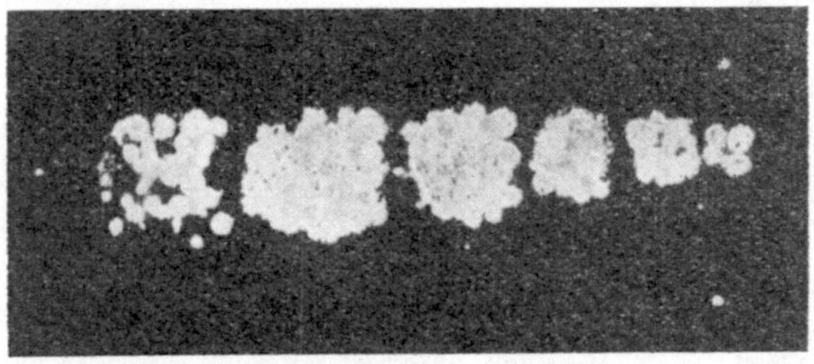

Abb. 5. Kolonien „vererzter Bakterien" in Gestalt einer Foraminifere. Die einzelnen Kügelchen werden durch Bleiglanz zementiert.
Vergr 390 ×, Öl, Schliff-Nr 687/59, Probe-Nr 1028 (Aufn. ZASTROW)

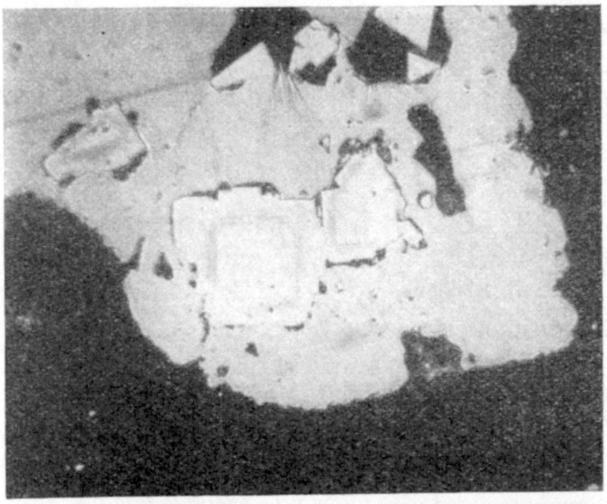

Abb 6. Nickelreiche Zonen im Pyrit, der in Kupferkies liegt
Vergr. 650 ×, Öl; Schliff-Nr. 365/59, Probe-Nr. 309 (Aufn. KNAUER)

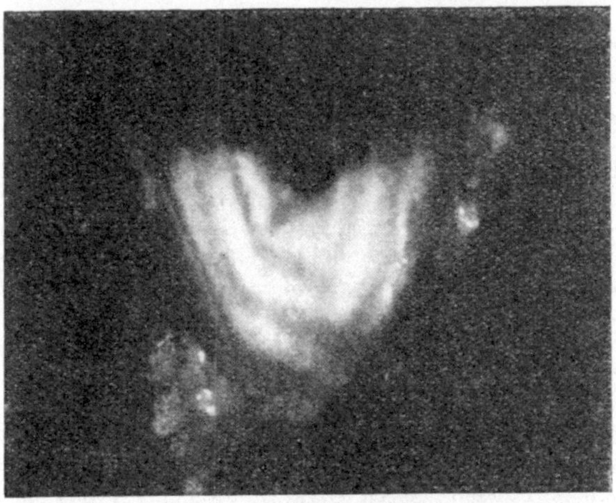

Abb. 6. Zonarer Sphalerit
Vergr. 680 ×, Nic +, Öl; Bohrung Spr. 18 Abl. (Aufn. ZASTROW)

sind entweder glatt oder verzahnt, so daß das Verdrängungsmineral nicht bestimmbar ist.

Wie bereits eingangs erwähnt, treten im Flöz am häufigsten zellige Strukturen auf. In erzreichen Flözlagen sind auch massive Sulfidkörner vorhanden. Die Erzminerale bilden in diesen Fällen meist der Schichtung parallel liegende kleine Linsen oder füllen Klüfte und Haarrisse aus. Diese Linsen oder Lineale erscheinen makroskopisch als dichtes Erz, mikroskopisch aber bestehen sie aus kleinen, mit Gangart verwachsenen Erzkörnchen. Diese derben Sulfidkörnchen sind nach den bisherigen Beobachtungen in gestörten Feldesteilen und am Rote-Fäule-Rand verbreitet.

Im Kupferschiefer von Spremberg — Weißwasser treten die Sulfide im allgemeinen als Speise auf. Sie besitzen meist zelliges Gefüge. Verdrängungen von organischen Resten sind häufig. Die bei der Diagenese entstandenen Schrumpfungsrisse sind teilweise durch Sulfide verheilt. Hierbei handelt es sich offenbar um geringfügige Metallwanderungen aus dem Gestein in diese Risse. Spätere, mit der Tektonik in Zusammenhang stehende Metallwanderungen haben in diesem Gebiet nur in sehr geringem Umfang stattgefunden. Mineralparagenesen, die der Mansfelder Rückenvererzung gleichzusetzen wären, sind bisher nicht gefunden worden.

Zusammenfassung

Im Gebiet von Spremberg — Weißwasser wurden 25 Kupferschieferflözkerne erzmikroskopisch untersucht. Nach der Aufzählung der vorhandenen Erzminerale werden deren Auftreten und ihre Strukturen im unmittelbaren Liegenden des Kupferschiefers und im Kupferschieferflöz beschrieben. Eine Karte der Erzmineralverteilung der bearbeiteten Flözkerne vervollständigt die Arbeit.

Резюме

В области Шпремберг — Вайсвассер исследовался минерографическим методом материал 25 кернов медистого сланца. После перечисления присутствующих рудных минералов описываются их формы выделения и структуры в непосредственном лежачем боку медистого сланца, в пласте медистого сланца и в висячих породах. Карта распределения рудных минералов в обработанных кернах пополняет работу.

Summary

Ore microscopy was used to investigate 25 copper-slate seam cores from the Spremberg — Weißwasser area. After enumerating the ore minerals available, their occurrence and structures in the immediate underlying bed of the copper slate and in the copper slate seam are described. The study is completed by a map of ore-mineral distribution in the seam cores investigated.

Literatur

KNAUER, E.: Zusammenfassender Bericht über die bisherigen Untersuchungsergebnisse des Objektes Weißwasser. — Bericht ZGD, Berlin 1960 (unveröff.).

PLANERT, M.: Ergebnisbericht über die bisher durchgeführten erzmikroskopischen Untersuchungen aus Kupferschieferbohrungen in Spremberg — Weißwasser. — Ber. ZGI, Berlin 1961 (unveröff.).

RENTZSCH, J.: Bericht über die erzmikroskopische Bearbeitung der Bohrungen Spremberg 86 T, 84 und 60. — Ber. ZGI, Berlin 1963 (unveröff.).

SCHÜLLER, A.: Mikroskopische Untersuchungen und geologische Deutung der Kupferschieferbohrungen Spremberg 13 E_3/57 und 3/54. — Geologie, 7, 651—660, Berlin 1958.

Die feinstratigraphische Gliederung des Kupferschiefers im Raum Spremberg–Weißwasser[1])

CHRISTINE SIEGERT, GÜNTER TZSCHORN & GERHARD WINKLER, Berlin

1. Einleitung

Bei der Erkundung der Metallführung des Kupferschiefers sind einheitliche Dokumentation und spezielle Probenahme korrelater „Zonen" der Kupferschieferprofile des gesamten Erkundungsgebiets notwendig. Da die im Mansfelder Revier gebräuchliche Gliederung (EISENHUTH u. KAUTZSCH 1954) auf den Raum Spremberg—Weißwasser nicht übertragen werden kann, wurden von G. WINKLER die anfangs erbohrten Flözkerne nochmals feinstratigraphisch nach Farb-, Härte- und megaskopisch sichtbaren Gefügeunterschieden überarbeitet[2]). Dabei ergab sich, daß der Kupferschiefer im gesamten Erkundungsgebiet in fünf Zonen zu gliedern ist.

Petrographische sowie chemische Untersuchungen unterstützen die vorgenommene Zonengliederung und ergaben weitere Unterscheidungskriterien.

Die erarbeitete feinstratigraphische Gliederung ermöglichte weiterhin, die häufig im Kupferschiefer auftretenden Kernverluste zonar im Profil zu fixieren und dadurch auf die Ausrichtung von Ablenkungen einzuwirken.

2. Zur Untersuchungsmethodik

Für die petrographischen Untersuchungen wurden nach regionalgeologischen Gesichtspunkten fünf Kupferschieferprofile ausgewählt. Die von ihnen in sehr geringen Abständen angefertigten Dünnschliffe (insgesamt ca. 100) ermöglichen es, den Sedimentationsrhythmus stetig zu verfolgen. Die Bearbeitung beschränkt sich auf polarisationsmikroskopische Untersuchungen im Durchlicht.

Für die chemischen Untersuchungen wurden nach megaskopischen Gesichtspunkten Proben der Zonen von sechs Kupferschieferprofilen ausgewählt.

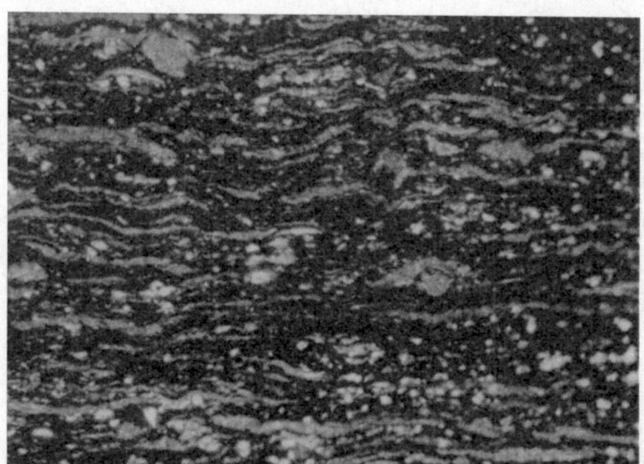

Abb. 1. Zone $T_{1\alpha_1}$, feinschichtiger, stark bituminöser Tonmergel, Tonlagen kurz abreißend. Schliff-Nr. 1479/61, Vergr. 65×, Nic.—

[1]) Eingang des Manuskripts in der Redaktion: 24. 4. 1963
[2]) Die Anregung für diese Arbeit gab Dipl.-Geol. M. MERTKE

Tabelle. Die feinstratigraphische Gliederung des Kupferschiefers im Raum Spremberg – Weißwasser

Gliederung			Augenbemusterung	Petrographie	Chemismus
Hangender Mergel			Ohne Feinschichtung, massig, schwache Flaserung durch tonig-bituminöse Einlagerungen, gelegentlich Einlagerungen von schwach feinschichtigen tonig-bituminösen Mergelzonen. Pyrithieken an der Unterkante!	Noch einzelne geringmächtige, feinschichtige Mergellagen in massigen Mergeln	S_1 32,0 Karbonat- S_2 35,3 vormacht S_3 0,6 S_2:S_1 1,10
Oberflöz	22 – 45 cm	$T_{1\varepsilon_2}$	Feinschichtig, relativ weich, hellbraunes Ritzmehl	Gegenüber δ Zunahme des Tonmineralanteils zu erkennen, Detritusanteil weiterhin hoch, unregelmäßig feingeschichtet mit Lagenmächtigkeiten bis zu 250 μ (tonige Lagen), mitunter reißen Lagen- und Bitumenbänder kurz ab und zeigen flaserige Verzahnung	S_1 41,0 Tonmineral- S_2 26,0 vormacht S_3 2,47 S_2:S_1 0,64
		$T_{1\varepsilon_1}$	Feinschichtig, relativ weich, dunkelbraunes Ritzmehl		
	20 – 33 cm	$T_{1\delta}$	Feinschichtig, relativ hart, hellbraunes bis hellgraues Ritzmehl, häufig geringmächtige weichere Zonen mit dunklem Ritzmehl, an Unterkante der Zone gelegentlich geringmächtige reine Kalksteinlagen	Überwiegend ungeschichtet bzw. undeutlich geschichtet, im mittleren Teil lokal tonig-bituminöse Lagen mit feinrhythmischer Schichtung, mehr Karbonate als Tonminerale, Glimmer und Detritus	S_1 22,7 Karbonat- S_2 37,0 vormacht S_3 1,98 S_2:S_1 1,64
Unterflöz	10 – 16 cm	$T_{1\gamma_3}$	Feinschichtig, relativ weich, dunkelbraunes Ritzmehl	Stofflich und strukturell sehr unregelmäßiges Schichtgefüge, Tonminerale und Bitumina vorherrschend, nur γ_2 besitzt Karbonatvormacht und ist β sehr ähnlich, merkliche Anreicherung von Detritus	S_1 36,1 Tonmineral- S_2 25,2 vormacht S_3 6,35 S_2:S_1 0,70
		$T_{1\gamma_2}$	Feinschichtig, relativ hart, hellgraubraunes Ritzmehl		
		$T_{1\gamma_1}$	Feinschichtig, relativ weich, dunkelbraunes Ritzmehl		
	3 – 6 cm	$T_{1\beta}$	Feinschichtig, relativ hart, hellgraubraunes Ritzmehl, häufig kleine Flexuren mit Amplituden von 2 bis 3 mm	Grobkristalline Karbonatlagen und -linsen. Zurücktretender Tonmineral- und Bitumengehalt, Sedimentationsrhythmus unregelmäßig, feinrhythmische Bereiche mit durchschnittlich 10 μ Lagenmächtigkeit wechseln mit einzelnen 150 μ mächtigen Lagen ab. Tonige Lagen zeigen oft strenqe Aggreqatpolarisation	S_1 24,7 Karbonat- S_2 33,2 vormacht S_3 5,42 S_2:S_1 1,34
	15 – 18 cm	$T_{1\alpha_1}$	Feinschichtig, relativ härter als α_1, dunkelbraunes Ritzmehl	Bituminöser Mergel, Zunahme des Karbonatgehalts und des Detritusanteils Schichtungsrhythmus unregelmäßig mit Lagenmächtigkeiten von 10 bis 250 μ	S_1 48,2 Tonmineral- S_2 16 2 vormacht S_3 9 35 S_2:S_1 0,34
		$T_{1\alpha_1}$	Schwach feinschichtig, sehr weich, mitunter mürbe, dunkelbraunes bis schwarzbraunes Ritzmehl	Bituminöser Tonmergel Tonminerale und Bitumina in feinrhythmischer Schichtung, bis ca. 10 μ Lagenmächtigkeit	

3. Petrographie des Kupferschiefers

Der Kupferschiefer ist im Erkundungsgebiet pauschal als feinschichtiger bituminöser Mergel zu bezeichnen. Er läßt sich, wie bereits einleitend erwähnt wurde, in fünf Zonen gliedern, die mit den Symbolen α, β, γ, δ und ε benannt werden. Der bereits bei der Augenbemusterung auffallende Unterschied in der relativen Farbintensität gibt Anlaß, die Zonen α, β und γ als Unterflöz und δ und ε als Oberflöz zusammenzufassen (Tab.). Die Unterkante des Kupferschiefers ist durch den scharfen Wechsel von Sandstein bzw. Konglomerat und Mergel charakterisiert. Die Oberkante wird durch das plötzliche Aussetzen der Feinschichtung angezeigt.

Zone α

Die unterste Zone des Flözes wird durch eine relativ weiche bis mürbe Schicht mit braunem bis dunkelbraunem Ritzmehl gebildet. Ihre Mächtigkeit beträgt 15—18 cm. Nach der mikroskopischen Untersuchung ist das Gestein im tiefsten Teil als stark bituminöser Tonmergel zu bezeichnen. Den Hauptanteil des Mineralbestandes bilden Tonminerale und Bitumina in feinrhythmischer Schichtung (Abb. 1). Die Mächtigkeit der meistens flaserig ausgebildeten Lagen liegt sehr gleichmäßig bei ca. 10 μ. In diese stofflich und texturell homogenen Bereiche sind Karbonatlinsen und -augen eingeschaltet. Der Detritusanteil ist relativ gering. Mit Annäherung an die Zone β nimmt der Karbonatgehalt zu. Das Gestein geht in den typischen bituminösen Mergel über. Neben den hier zahlreicher werdenden Karbonatlinsen treten die Karbonate auch in scharf begrenzten Lagen auf. Der Schichtungsrhythmus wird unregelmäßig. Die Mächtigkeit der Lagen schwankt zwischen 10 und 250 μ. Eine relative Zunahme ist für den Detritusanteil zu verzeichnen. Die Erzminerale sind bevorzugt an die karbonatischen Gefügebereiche gebunden. Sie fügen sich daneben als dünne Schnüre in die feinschichtigen, tonig-bituminösen Lagen ein.

Zone β

Die Zone β ist relativ hart, besitzt bräunlichgraues Ritzmehl und weist mitunter eine deutliche, leicht gewellte Schichtung auf. Sie wird 3—6 cm mächtig. Unter dem Mikroskop zeigen sich für diese Zone grobkristalline Karbonatlagen und -linsen als gefügebestimmend (Abb. 2). Der Tonmineral- und Bitumengehalt tritt zurück. Der Sedimentationsrhythmus ist unregelmäßig. Feinrhythmische Bereiche (durchschnittlich 10 μ Lagenmächtigkeit) wechseln mit mehreren oder einzelnen durchschnittlich 150 μ mächtigen Lagen ab. Meistens werden die Lagen aus vielen sich verzahnenden, sehr flachen Linsen gebildet, sie können aber auch den ganzen Schliffbereich gleichmäßig durchlaufen. Tonige Lagen

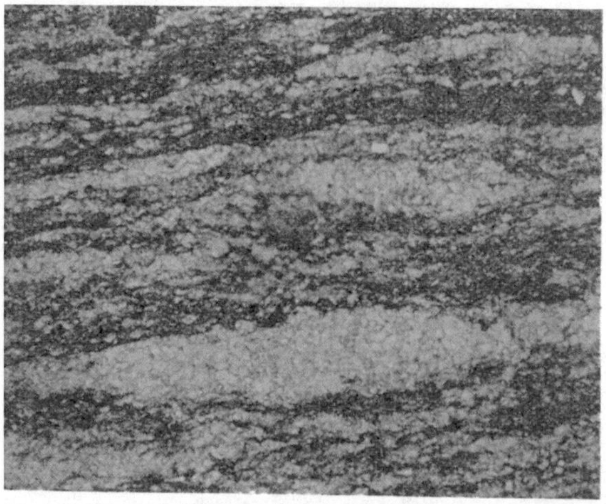

Abb. 2. Zone $T_{1\beta}$, flache Linsen mit relativ grobkristallinem Karbonat sind gefügebestimmend. Schliff-Nr. 1489/61, Vergr. 65×, Nic.—

zeigen sehr oft strenge Aggregatpolarisation. Auffallend ist der relativ geringe Anteil an Glimmermineralen. Der Detritusanteil entspricht dem obersten Teil der Zone α. Die auftretenden Erzminerale sind stets an die grobkristallinen Karbonatbereiche gebunden.

Zone γ

Die Zone γ ist relativ weich und besitzt graubraunes bis braunes Ritzmehl. Sie wird oft durch eine härtere Zone untergliedert (Mächtigkeit 2—3 cm). Die Gesamtmächtigkeit der Zone γ schwankt zwischen 10 bis 16 cm. Typisch für diese Zone ist im mikroskopischen Bild ein stofflich und strukturell sehr unregelmäßiges Schichtgefüge (Abb. 3). Die Lagen sind überwiegend scharf begrenzt. Erst mit Annäherung an die Zone δ tritt zum Teil eine flaserige Auflösung der Lagenordnung ein. Im allgemeinen herrschen Tonminerale und Bitumen gegenüber den Karbonaten vor. Nur die bereits erwähnte härtere Zone besitzt deutliche Karbonatvormacht. In ihren Eigenschaften ist sie der Zone β sehr ähnlich.

Zum ersten Mal sind hier merkliche Detritusanreicherungen (Quarze, Feldspäte, gebleichte Biotite) zu beobachten. Meistens konzentrieren sie sich auf linsenförmige Bereiche, sie können aber auch lagenweise hervortreten. Ein weiteres Kennzeichen dieser Zone ist der von Bohrung zu Bohrung stark wechselnde Bitumengehalt. Die auftretenden Buntmetallvererzungen sind wieder bevorzugt an grobkristalline Karbonatbereiche gebunden.

Zone δ

Die Zone δ ist relativ hart bis sehr hart und tritt durch ihr helles bis braungraues Ritzmehl hervor. Die Mächtigkeit schwankt zwischen 20 bis 35 cm. Die mikroskopische Untersuchung zeigt, daß das Gestein dieser Zone überwiegend ungeschichtet bzw. undeutlich geschichtet ist (Abb. 4). Der Mergel besteht größtenteils aus Karbonat neben geringen Mengen an Tonmineralen, Glimmer und anderem Detritus. Nur lokal treten stark tonig-bituminöse Lagen mit feinrhythmischer Schichtung auf. Meistens konzentrieren sich diese Lagen auf die mittleren Teile der Zone δ. Durch die Einschaltung von grobkristallinen, reinen Karbonatlagen und die rhythmische Einfügung von flasrigen Bitumenbändern in das feinkristalline Karbonatgefüge wird hier eine deutliche Schichtung erzeugt. Bemerkenswert sind scharf begrenzte rein tonige, streng aggregat-polarisierende Lagen und Tonlagen mit reichlich Detritus, die zwischen den überwiegenden karbonatischen Bereichen mit Annäherung an die Zone ε auftreten. Daneben können in Kupferschieferprofilen mit Kalzitvormacht in Zone δ häufig Kalzit und erzausgefüllte Organismenreste beobachtet werden. Die Buntmetallvererzung ist bevorzugt an grobkristalline Karbonatnester gebunden.

Zone ε

Den Abschluß des Flözes bildet eine 22 bis 45 cm mächtige Zone mit relativ geringer Ritzhärte und graubraunem bis bräunlichgrauem Strichmehl. Sie kann ebenfalls durch eine etwas härtere Schicht unterteilt werden.

Gegenüber Zone δ zeigt sich wieder eine Zunahme des Tonmineralanteils. Der Detritusgehalt bleibt weiterhin relativ hoch. Das Gefüge ist unregelmäßig feingeschichtet, wobei die Lagenmächtigkeit vereinzelt bis 250 μ anwächst. Meistens handelt es sich dabei um rein tonige Lagen.

Häufig zeigt sich unter dem Mikroskop keine ausgeprägte Mikroschichtung. Die Lagen- und Bitumenbänder reißen kurz ab und zeigen flaserige Verzahnung.

Die größeren karbonatischen Gefügebereiche besitzen vorwiegend feinkristalline Struktur, linsenförmige Karbonateinlagerungen sind grobkristallin, z. T. idiomorph ausgebildet. In der Bohrung Spremberg 34 ist die Zone ε durch das Auftreten von Anhydrit charakterisiert. Man findet ihn zusammen mit Karbonat und Erzmineralen in Augen und Linsen, die häufig eine Größe von 250 × 500 μ erreichen. Sie treten lagenweise in besonderer Konzentration auf und erzeugen dadurch makroskopisch eine besonders deutliche Schichtung.

In kalzitreichen Flözen lassen sich in Zone ε am häufigsten Organismenstrukturen beobachten. Die Verteilung der Erzminerale in der Zone ε entspricht der in Zone δ.

Die Abgrenzung der Zone ε gegen den im Hangenden anschließenden ungeschichteten Mergel ist relativ

Abb. 3. Zone $T_{1\gamma_1}$, unregelmäßiger Schichtungsrhythmus, lang aushaltende, rein tonige Lagen wechseln mit feingeschichteten, stark bituminösen Lagen ab. Schliff-Nr. 1483/61. Vergr. 65×, Nic.—

Abb. 4. Zone $T_{1\delta}$, ohne deutliche Mikroschichtung, charakteristisch sind grobkristalline Karbonataugen und linsenförmige Detritusanreicherungen. Schliff-Nr. 1484/61, Vergr. 65×, Nic. —

scharf. Es treten nur noch einzelne geringmächtige, feinschichtige Lagen im massigen Mergel auf, die in ihrer Ausbildung dem Flözbereich sehr ähnlich sind.

4. Ergebnisse der chemischen Untersuchungen des Kupferschiefers

Die quantitative Analysierung der Proben erfolgte auf SiO_2, Al_2O_3, Fe_2O_3, MgO, CaO, Na_2O, K_2O und C[2]). Da der Mineralbestand aus den petrographisch-mineralogischen Untersuchungen bekannt ist, können die Oxyde in Gruppen zusammengefaßt werden. In S_1 sind SiO_2, Al_2O_3, Fe_2O_3, Na_2O und K_2O vereinigt. Diese Komponenten sind am Aufbau des klastischen Materials (Tonminerale, Quarze, Feldspate) beteiligt. Dazu können sich untergeordnet noch MgO und CaO gesellen, die, da CO_2- und SO_3-Bestimmungen ausstehen, von den Karbonaten und Sulfaten nicht abgetrennt wurden. Die S_2-Gruppe (MgO und CaO) bildet den karbonatischen, sulfathaltigen und die S_3-Gruppe (Kohlenstoff – C) den bituminösen Anteil.

Ein Vergleich des klastischen, karbonatischen und bituminösen Stoffbestandes zeigt, daß die einzelnen, nach makroskopischen Merkmalen ausgehaltenen Zonen auch einen voneinander deutlich zu unterscheidenden Chemismus besitzen (Tab.). Bei den Zonen α, γ, ε überwiegt der klastische Anteil, während für die Zonen β, δ und das Hangende eine Karbonatvormacht charakteristisch ist. Der Bitumengehalt im Mergel ist in der Zone α am höchsten und sinkt dann nach dem Hangenden deutlich ab. In karbonatischen Bereichen ist allgemein eine Abnahme des Bitumengehaltes zu bemerken. Besonders deutlich werden die Unterschiede im Stoffbestand durch das Verhältnis $S_2:S_1$ ausgedrückt. Werte <1 weisen auf Silikatvormacht und Werte >1 auf Karbonatvormacht hin.

[2]) Die Analysen wurden im Hinblick auf technologische Kennziffern des Kupferschiefers durchgeführt. Deshalb liefern die Analysenwerte nur Anhaltspunkte zum Chemismus des Kupferschiefers.

Zusammenfassung

Eine systematische Bemusterung der erbohrten Kupferschieferkerne nach megaskopischen Eigenschaften in Verbindung mit mikroskopischen und chemischen Untersuchungen ermöglicht es, den Kupferschiefer im Raum Spremberg—Weißwasser in fünf Zonen zu gliedern. Der Wechsel des quantitativen Stoffbestands, insbesondere der Detritusanteil, der Schichtungsrhythmus und z. T. die Karbonatstruktur wurden als Hauptunterscheidungskriterien herangezogen.

Резюме

Систематическая документация кернового материала медистого сланца позволяет по макроскопическим свойствам в связи с микроскопическими и химическими исследованиями расчленить медистый сланец в области Шпремберг—Вайсвассер на пять зон. Главными отличительными признаками являются смена количественного состава, в частности, доля детритусовых пород, ритм напластования и отчасти структура карбонатов.

Summary

A systematic sampling of copper-slate cores found by boring with reference to their megascopic properties enabled, in connection with microscopic and chemical investigations, the copper slate in the Spremberg—Weißwasser area to be classified into five zones. Main criteria of distinction include the quantitative variation of material constituents, and of the portion of detrital material in particular, the bedding rhythm and, in part, the carbonate structure.

Literatur

EISENHUTH. K.-H. & E. KAUTZSCH: Handbuch für den Kupferschieferbergbau. — Fachbuchverlag Leipzig, 1954.

Ergebnisbericht über die Erkundungsarbeiten auf Kupferschiefer im Raum Spremberg—Weißwasser. — Zusammengestellt von R. FRANZ (1961), (unveröff.)

Kupfer-, Vanadium- und Uranlagerstätten in Sandsteinen – ihre Verteilung und ihre geochemischen Zyklen[1])

FISCHER, RICHARD P. & JOHN H. STEWART

Referiert von W. OESTREICH, Berlin

Die Uran- und Vanadiumlagerstätten in Sandsteinen im westlichen Teil der USA bilden die Hauptquelle für die Versorgung des Landes mit diesen Metallen. Die Kupferlagerstätten in diesen Gesteinen treten der Bedeutung nach etwas zurück, sind aber nichtsdestoweniger ebenfalls geologisch gut untersucht. Trotz vieler gemeinsamer Züge besteht eine spezifische (selektive) Abhängigkeit zwischen dem Metallgehalt der Lagerstätten einerseits und der Lithologie und Genese der Wirtsgesteine andererseits: Die Kupferlagerstätten sind vor allem in Arkosesandsteinen der ersten Generation vertreten, die von granitischen Gesteinen abgeleitet werden können. Vanadiumlagerstätten, mit viel oder wenig Uran, liegen hauptsächlich in Quarzsandsteinen der zweiten Generation vor, die sich von Sedimentgesteinen

[1]) Aus: „Economic Geology“, 56, 3, 509–520 (1961)

ableiten. Uranlagerstätten mit wenig oder keinem Kupfer oder Vanadium kommen schließlich in Sandsteinen der ersten oder zweiten Generation vor, wobei viele davon mit Schichten im Zusammenhang stehen, die verändertes vulkanisches Trümmermaterial enthalten.

Bekanntlich sind diese Lagerstätten linsen- oder tafelförmig. Der Einfluß sedimentärer Strukturen ist deutlich, dagegen tritt der Einfluß der tektonischen Strukturen bei der Lokalisierung der Lagerstätten etwas zurück. Einige dieser Lagerstätten liegen in der Nähe von Intrusivkörpern oder hydrothermalen Gängen. Sie unterscheiden sich aber nicht wesentlich von denen, die weitab von diesen Bildungen auftreten.

Eine einfache, allgemein anerkannte Hypothese über die Entstehung dieses Lagerstättentyps besteht nicht.

Im nächsten Abschnitt behandeln die Verfasser die Charakteristik der Wirtssandsteine und die jeweilige Verteilung der Metalle.

In tabellarischer Form werden die Lagerstätten von Cu, V und U in Sandsteinen (U-Lagerstätten mit wenig oder keinem V oder Cu; V-U-Lagerstätten; Cu- und Cu-U-Lagerstätten) nach dem geologischen Alter, der lithologischen Ausbildung, den Akkumulationsverhältnissen, der genetischen Klassifikation der Wirtssandsteine (1. oder 2. Generation) sowie der Zahl der bekannten Lagerstätten (größenordnungsmäßig) klassifiziert. Das stratigraphische Intervall der Uranlagerstätten mit wenig oder keinem V oder Cu reicht hierbei vom Mississippian (Unterkarbon) bis zum Pliozän. Die stärkste Häufung von Lagerstätten (400) ist in der Wasatch-Formation in Wyoming (Arkosesandsteine) zu verzeichnen. V-U-Lagerstätten in Sandsteinen liegen von der Trias (Shinarump) bis zur Kreide (Dakota) vor, wobei eine ganz ausgesprochene Häufung (2400 Lagerstätten) in der Salt-Wash-Stufe der Morrison-Formation (Jura), die in den Staaten Colorado, Utah und Arizona vertreten ist, beobachtet werden kann. Cu- und Cu-U-Lagerstätten in Sandsteinen sind vom Devon (Catskill) bis zur Trias (Springdale-Stufe der Moenare-Formation) vertreten, wobei die relativ stärksten Häufungen in der Catskill-Stufe des Devons (40) und der Shinarump-Stufe der Chinle-Formation (Trias) (50 Lagerstätten) zu beobachten sind.

Die Wirtssandsteine des hier behandelten Lagerstättentyps sind hauptsächlich nichtmariner Entstehung. Zur graphischen Darstellung der Zusammensetzung der wichtigsten erzführenden Sandsteine bringen die Verf. Dreieckdiagramme, mit den Eckpunkten Arkose-Tuff-quarziger Sandstein (quartzose sandstone). Bei der Einordnung der Sandsteine ergeben sich, selbst wenn man berücksichtigt, daß relativ wenige Proben untersucht wurden, doch recht interessante Gesetzmäßigkeiten. Die Sandsteine mit Cu- und Cu-U-Lagerstätten liegen in einem engen Feld längs der Linie Arkose—quarziger Sandstein, nach PETTIJOHN als Arkose und Feldspat-Orthoquarzit bezeichnet. Die Sandsteine mit V-U-Lagerstätten ergeben bei der Eintragung in das genannte Diagramm eine Ballung in der Ecke des quarzigen Sandsteins, nach PETTIJOHN Orthoquarzit und Feldspat-Orthoquarzit.

Sandsteine mit U-Lagerstätten, die wenig oder kein V oder Cu aufweisen, ergeben im Diagramm keine so ausgeprägte Häufung. Von der Ecke quarziger Sandstein reichen sie nach den Ecken Arkose und Tuff hin, unter stärkerer Anlehnung an die Linie quarziger Sandstein—Arkose. Petrographisch handelt es sich um Orthoquarzit, Feldspat-Orthoquarzit, Arkose und Tuffsandstein.

Es gibt auch Beziehungen zwischen der Korngröße der Sandsteine und der Mineralisation. Die meisten Cu-Lagerstätten des behandelten Typs liegen in grobkörnigen Arkosesandsteinen, einige davon sind konglomeratisch. Auf Grund der Untersuchungen ist die Korngröße von 0,33 mm am stärksten vertreten, wegen der geringen Zahl der Proben kann dieser Wert aber nicht als gesichert gelten. Alle vanadiumreichen Lagerstätten liegen praktisch in fein- bis mittelkörnigen Sandsteinen, mit einer Korngröße von 0,14 mm im Mittel. Die Sandsteine der U-Lagerstätten mit wenig oder keinem V oder Cu weisen ebenfalls eine durchschnittliche Korngröße von 0,14 mm auf. Das Wirtsgestein kann aber hier im Intervall von „silty beds" bis zu Konglomeraten vertreten sein.

Die Verf. behandeln dann in gedrängter Form die geochemischen Zyklen von Kupfer, Vanadium und Uran, wobei sie die neuesten Daten von GREEN (1959), KRAUSKOPF (1955) sowie WINOGRADOW (1956) benutzen. Danach beträgt der Kupfer-Durchschnittsgehalt der Eruptivgesteine 70 ppm ($7 \cdot 10^{-3}$ %). Er liegt meist in Form von Sulfiden (hauptsächlich Kupferkies) zwischen den Gesteinskörnern vor, ein gewisser Betrag tritt aber auch in das Gitter der Silikatmineralien und der Eisenoxyde ein. Die Kupfersulfide der Eruptivgesteine sowie der hydrothermalen Gänge lassen sich leicht oxydieren und mobilisieren. Zu einem geringen Teil wird das Kupfer durch die Tonsuspensionen der Wässer absorbiert, der verbleibende Betrag liegt in den Grund- und Oberflächenwässern aber in echter Lösung vor. Das belegen auch die Daten von GLAGOLEWA (1958), die in acht Wasserproben aus Flüssen in der Nähe des Schwarzen Meers zwar 100 ppm Cu im suspendierten Material fand, mit Ausnahme einer Probe war aber der im Wasser gelöste Anteil des Kupfers höher. In der Gegenwart eines reduzierenden Mediums (Eisensulfide oder karbonatisches Material) kann das Kupfer aus Grund- und Oberflächenwässern leicht ausgefällt werden.

Der Vanadiumgehalt in Eruptivgesteinen beträgt 100 ppm ($1 \cdot 10^{-2}$ %). In mafischen Gesteinen ist er höher als in sauren, die entsprechenden Werte sind 22 bzw. 55 ppm (nach GREEN). Es vertritt die Ionen von Fe und Al in den dunklen Silikaten und ist besonders im Magnetit der titanführenden Magnetitlagerstätten angereichert. In den Magmatiten liegt das Vanadium in der verhältnismäßig unlöslichen dreiwertigen Form vor. Bei der normalen Verwitterung tritt es in die entstehenden Tonmineralien ein und bleibt wahrscheinlich auch bei deren Transport in Sedimentationsgebiete darin erhalten; denn argillitische Sedimente enthalten mehr Vanadium als andere (in Schiefern etwa 100 ppm, in Sandsteinen nur 30 ppm, in Kalken nur 10 ppm).

Verläuft aber die Verwitterung der Eruptivgesteine oder der vanadiumführenden Tone unter den Verhältnissen einer intensiven Oxydation, wie z. B. im ariden Klima, dann wird V^{3+} zu dem löslichen V^{5+} oxydiert und es kann in dieser Form in Grund- und Oberflächenwässern leicht transportiert werden. Aus diesen Lösungen kann das Vanadium ausgefällt und lokal konzentriert werden, entweder bei Anwesenheit von Aluminiumhydroxyden oder Fe^{3+} oder durch Schwermineralkationen, wie Pb^{2+}, Zn^{2+} und Cu^{2+}, schließlich in einem reduzierenden Milieu, das bei Anwesenheit von karbonatischem Material gegeben ist.

Der Urangehalt der Eruptivgesteine liegt bei 3 ppm ($3 \cdot 10^{-4}$ %), im sauren Anteil ist dieses Element erfahrungsgemäß stärker konzentriert ($3{,}5 \cdot 10^{-4}$ %) als im ultrabasischen ($3 \cdot 10^{-6}$ %).

Als Pechblende (Uraninit) kommt das Uran bekanntlich hauptsächlich in Pegmatiten und in hydrothermalen Gängen vor.

Bei der Verwitterung wird das Uraninit leicht oxydiert, bildet lösliche Salze und sekundäre Mineralien, von denen aus Uran in die Oberflächen- und Grundwässer gelangen kann. Das in den Gesteinen lose gebundene Uran kann ebenfalls in diese Wässer eintreten. Die durchschnittlichen Urangehalte betragen 3 ppm in Schiefern, 0,5 ppm in Sandsteinen und 2 ppm in Kalken, bei Anwesenheit von organischem Material oder Sulfidionen kann aber auch mehr Uran konzentriert werden. Dieser Vorgang der Reduktion und Konzentration kann sich bei der Sedimentation selbst abspielen, z. B. in Schwarzschiefern, oder er kann durch U-haltige Lösungen in Gang gesetzt werden, die in Gesteinen mit organischen Resten und Pyrit, z. B. in Sandsteinen, zirkulieren.

Cu und vielleicht auch U können Pyrit verdrängen, der vorher das fossile Holz in diesen Lagerstätten ersetzt hat. Eine Verdrängung des Pyrits durch V-Mineralien wurde aber noch nicht berichtet.

Die Verf. verzichten in weiser Selbstbeschränkung darauf, eine Hypothese über die Entstehung dieser Lagerstätten zu postulieren, da viele andere Faktoren, die Bedeutung für die Genese haben könnten, in dieser Arbeit nicht behandelt wurden.

BROWN, J. S.

Erzführung und Isotopen[1]

Referiert von HERBERT REH, Jena

Der bisherige Stand in der genetischen Auswertung der Bleiisotopen ist in zwei neueren Arbeiten dargelegt, in dem Buch von R. D. RUSSELL & R. M. FARQUHAR: „Lead Isotopes in Geology", Interscience Publ., New York, 1960, und in einer zusammenfassenden Betrachtung von R. S. CANNON jr., A. P. PIERCE, J. C. ANTWEILER & K. L. BUCK: „The date of lead-isotope geology related to ore genesis", Econ. Geol., **56**, 1—38, 1961. Da in der Zwischenzeit noch zahlreiche neue Isotopenuntersuchungen bekannt geworden sind, hat es der Verf. unternommen, die zum Teil widersprechenden Ergebnisse kritisch zu betrachten und für genetische Schlußfolgerungen auszuwerten.

Er geht vor allem von großen Bleilagerstätten aus, bei denen die Gefahr von Verunreinigung durch radioaktives Blei im allgemeinen gering ist. Analysen mit weniger als 52,00% und mehr als 52,80% ^{208}Pb werden von ihm als verunreinigt betrachtet, da dieser Anteil vielfach bei sehr kleinen Lagerstätten und vor allem bei solchen in der Nähe von Uran- und Thoriumlagerstätten von der Norm von 52,40% beträchtlich abweicht. Lediglich bei einigen präkambrischen Lagerstätten wurden auch ^{208}Pb-Anteile von 53 bis 54% noch berücksichtigt.

Verf. stellt aus den verfügbaren Untersuchungsergebnissen zwei kritisch ausgewählte Tabellen mit Bleiisotopenverhältnissen aus großen Bleilagerstätten oder Edelmetallagerstätten mit nennenswerter Bleiglanzführung aus der ganzen Welt auf. Die eine Tabelle bezieht sich auf Lagerstätten, die in paläozoischen oder jüngeren Gesteinen auftreten, bei denen also mit gutem Recht ein postpräkambrisches Alter vorausgesetzt werden kann, und die andere auf Lagerstätten in präkambrischen Gesteinen, somit höchstwahrscheinlich präkambrischer Entstehung. Die Tabellen sind nach dem Anteil an ^{204}Pb geordnet. In den folgenden Kolonnen sind die Anteile an $^{206,\ 207}$ und ^{208}Pb, die Verhältnisse dieser zu ^{204}Pb, ferner die Verhältnisse der einzelnen Isotopen untereinander und schließlich das Verhältnis ^{208}Pb zu der Summe $^{206+207}$Pb angeführt.

Es ist zwar zutreffend, daß die Änderung der Isotopenverhältnisse des Bleis durch den Zerfall von Thorium und Uran gesteuert wird und in einer Verdünnung des ursprünglich vorhandenen nichtradiogenen ^{204}Pb resultiert, jedoch sind die Zuwachsraten der radiogenen Bleiisotopen infolge der verschiedenen Halbwertszeiten für die Entstehung von ^{207}Pb von 0,7 Millionen Jahren, von ^{206}Pb von 4,5 Milliarden Jahren und von ^{208}Pb von nahezu 14 Milliarden Jahren noch nicht genau bekannt. Offenbar nimmt das ^{206}Pb schneller zu als das ^{208}Pb, so daß der Anteil an ^{206}Pb mit der Zeit stetig ansteigt, während der von ^{207}Pb allmählich zurückgeht. Der Anteil von ^{208}Pb hat nur unwesentlich abgenommen. Insgesamt hat die Summe der radiogenen Bleianteile mit der Zeit stetig zugenommen und deshalb auch ihre Verhältnisse zu ^{204}Pb.

Der Verf. hält von den Anteilen und Verhältniswerten sechs für wertvolle Hinweise auf das Alter der Bleierze:

1. Anteil ^{204}Pb, Minimalwerte in jüngsten Erzen
2. Anteil ^{206}Pb, „ „ „ „
3. Anteil ^{208}Pb, Maximalwerte „ „ „
4. ^{206}Pb/^{204}Pb, „ „ „ „
5. ^{208}Pb/^{204}Pb, „ „ „ „
6. ^{206}Pb/^{207}Pb, „ „ „ „

Weniger zuverlässig sind die 3 Verhältnisse:

1. ^{207}Pb/^{204}Pb, Maximalwerte in jüngsten Erzen
2. ^{208}Pb/^{207}Pb, „ „ „ „
3. ^{208}Pb/^{206}Pb, Minimalwerte „ „ „

Die beiden übrigen Kolonnen der Tab., der Anteil ^{208}Pb und das Verhältnis ^{208}Pb/$^{206+207}$Pb, sind ziemlich gleichbleibend und ergeben lediglich bei ältesten Bleierzen etwas höhere Werte.

[1]) Aus: Econ. Geol., **57**, S. 673—720 (1962)

Die vom Verf. aufgestellten Tafeln lassen erkennen, daß sich die präkambrischen Bleierze deutlich von den postpräkambrischen unterscheiden:

	präkambrische	postpräkambrische
1. ^{204}Pb	> 1,42%	< 1,4 %
2. ^{206}Pb	<24 %	> 24,5 %
3. ^{207}Pb	>22 %	< 21,6 %
4. ^{206}Pb/^{204}Pb	<17 %	> 17,75%
5. ^{208}Pb/^{204}Pb	<36,9 %	> 37,4 %
6. ^{206}Pb/^{207}Pb	< 1,10%	> 1,14%
7. ^{208}Pb/^{206}Pb	> 2,17%	< 2,14%
8. ^{208}Pb/^{207}Pb	< 2,37%	> 2,43%

Es ist bemerkenswert, daß das Verhältnis ^{208}Pb/$^{206+207}$Pb ziemlich gleichbleibend bei 1,12 bis 1,14 liegt und lediglich bei den ältesten Bleierzen bis auf 1,22 ansteigt. Dieses Verhältnis (1,13) wird in der Folge vom Verf. benutzt, um Lagerstätten mit offenbar verunreinigtem Blei kritisch untersuchen zu können.

So lassen sich die Bleierze des Mississippitales (Wisconsin, SE- und SW-Missouri), die durch ein anomales Bleiisotopenverhältnis auffallen, durch eine besonders reichliche Zufuhr von Uranblei, besonders ^{206}Pb, erklären. Ausgehend von einem normalen ^{208}Pb/$^{206+207}$Pb-Verhältnis von 1,13 läßt sich berechnen, daß nennenswerte Mengen von Uran eine beträchtliche Zeit in diesem Bereich vorhanden gewesen sein müssen, um zusätzlich 1,5—2% des Gesamtbleis oder 7—8% des ^{206}Pb erzeugen zu können. Verf. hält es für wahrscheinlich, daß die postpennsylvanisch entstandenen Bleierzvorkommen das überschüssige ^{206}Pb aus mineralisierenden Lösungen oder aus Ölwässern entnommen haben. In diesem Zusammenhang ist es bemerkenswert, daß Erdöl aus pennsylvanischen Sedimenten in Oklahoma außergewöhnlich reich an Uran und Blei ist. Das Uran dürfte dem präkambrischen Sockel entstammen.

Anhand von graphischen Darstellungen erläutert Verf. die Vorstellung, daß neben einer normalen Entwicklung der Isotopenverhältnisse, die durch einen deutlichen Hiatus zwischen präkambrischen und postpräkambrischen Bleierzen gekennzeichnet ist, auch anomale Verhältnisse vorkommen, die entweder durch Verunreinigung mit Uranblei oder mit Thoriumblei oder auch mit beiden Bleiisotopen hervorgerufen werden. Eine Reihe derartiger Fälle werden auch rechnerisch behandelt. Nach Korrektur des überschüssigen radiogenen Bleis ergeben sich normale Isotopenverhältnisse.

Es wird noch weiterer Untersuchungen bedürfen, ob die vom Verf. festgestellte Lücke zwischen den Werten für die präkambrischen und postpräkambrischen Bleierze, die in den graphischen Darstellungen besonders hervorgehoben wird, real ist oder ob sie sich beim Vorliegen weiterer Untersuchungsergebnisse noch füllt. Verdächtig ist auf jeden Fall die Tatsache, daß in manchen regionalen Bereichen die Grenzwerte der Isotopenverhältnisse präkambrischer Bleierzlagerstätten dort liegen, wo in anderen Bereichen bereits die postpräkambrischen Vorkommen beginnen. Wahrscheinlich wird sich mit zunehmenden Untersuchungsergebnissen eine kontinuierliche Entwicklungslinie abzeichnen.

Weiterhin muß die Ableitung des Verf., daß die Erzbildung ein weltweiter Vorgang ist und unabhängig von orogenetischen und magmatischen Vorgängen verläuft, noch sehr genau untersucht und belegt werden. Immerhin scheint die Bleiisotopenuntersuchung bei richtiger Auswertung nicht nur eine zeitliche Einstufung in großen Zügen zuzulassen, sondern auch Hinweise auf Besonderheiten der Genese zu geben. Sie ist wahrscheinlich auch geeignet, zur Frage der regenerierten Lagerstätten wichtige Aussagen zu machen. Gleichzeitig mit der Alterseinstufung der Nebengesteine der Lagerstätten dürften die Ergebnisse der Bleiisotopenuntersuchung wichtige Merkmale für die genetische Deutung von Bleierzlagerstätten liefern.

Geochemische Untersuchungen bei der Kalkerkundung südwestlich Elbingerode (Harz)[1]

W. KÜHN, Jena

1. Einführung

Die pedogeochemische Methode brachte bei Sucharbeiten auf Zinnsteinvererzungen im Kontakt des Granits von Pottiga und auf kiesführende Porphyrite des Unterrotliegenden im Raum Frauenwald beachtliche Ergebnisse. Die gleichartigen Arbeiten zur Abgrenzung einer Oberdevonscholle am Henneberg bei Weitisberga (THOMÄ 1963) deuten bereits die Möglichkeit an, unter bestimmten Voraussetzungen mittels des Elementhaushalts im Boden auf den geologischen Untergrund zu schließen.

Im Raum Elbingerode, wo bereits seit mehreren Jahren Kalkvorräte für chemische Großbetriebe erkundet werden, galt es, unter einer Schuttbedeckung von 2—9 m eruptives Gangmaterial im Devonkalk nachzuweisen. Nach den Untersuchungsergebnissen der Geochemie sollte über den Einsatz kostspieliger Schrägbohrungen entschieden und in Verbindung mit geophysikalischen Meßergebnissen Schürfe festgestellt werden.[2]

2. Geographische und geologische Lage

Die pedogeochemischen Arbeiten wurden auf dem für die Kalkerkundung 1962 vorgesehenen kahlen Südhang des Kleinen Hornbergs (516,6 m) südwestlich Elbingerode durchgeführt, der über die Zuflüsse der Warmen und Kalten Bode zur Saale—Elbe entwässert wird.

Geologisch gliedert sich der Elbingeröder Komplex, der aus kulmischen und ober- bis mitteldevonischen Gesteinen besteht, in vier große Schalsteinsättel und -mulden. Nach ZÖLLICH (1939) handelt es sich um den Büchenberg-, Elbingeröder, Neuwerker und Braunesumpfsattel, auf denen mit Ausnahme des Neuwerker reger Bergbau auf Eisenerze und Pyrit umgeht. Der Keratophyrkern des Elbingeröder Sattels am Kleinen und Großen Hornberg ist durch mehrere unbdeutende Steinbrüche aufgeschlossen. Südlich folgt nach scharfer Grenze der als oberes Mitteldevon kartierte Stringocephalenkalk, der in Richtung Rübeland von einem Riffkalk abgelöst wird, den ERDMANNSDÖRFER dem Iberger Kalk (toi) gleichstellt. Beide chemisch fast 95 % reines $CaCO_3$ enthaltenden Gesteine werden als wertvolle Rohstoffe für chemische Großbetriebe und die Hüttenindustrie in zahlreichen großen Brüchen abgebaut. Die sog. Mittelharzer Eruptivgänge, die den gesamten paläozoischen Schichtenkomplex zwischen Wernigerode und Ilfeld mit N—S-Streichen durchziehen, stören die Kalkgewinnung empfindlich und müssen bei der Vorratsberechnung berücksichtigt werden. Die geologische Auskartierung der steil einfallenden, mehrfach versetzten, nur 10—100 m mächtigen Granitporphyr- und Enstatitporphyritgänge von wahrscheinlich rotliegendem Alter wird örtlich durch eine mehrere Meter mächtige Schuttbedeckung erschwert.

3. Untersuchungsmethodik

Auf Profillinien, die mit Bussole und Fluchtstangen senkrecht zum erwarteten Gangstreichen eingemessen worden sind, wurden im 10-m-Abstand Bodenproben entnommen. Jeweils 3—4 Einstiche mit dem 1-m-Bohrstock im Umkreis von 1—1,5 m vom verpflockten Punkt bildeten eine Probe. Nach den bisherigen Erfahrungen bei der Lagerstättenerkundung wurde die Probenahmetiefe auf 0,5—0,6 m festgesetzt.

Festlegung der Profile

Um die Anwendbarkeit der Methode zu überprüfen, wurden zunächst 100 Proben aus 3 Testprofilen über bekannten Gangausstrichen bei unterschiedlicher Schuttbedeckung untersucht.

Für das 0,7 km² große Untersuchungsgebiet waren 5 etwa 1000 m lange Profile mit 150 m Abstand vorgesehen. Sie wurden mit 260° über N eingemessen (Abb. 1). Da die Proben der Profile 1 und 3 kaum überhöhte Gehalte der Indikatorelemente aufwiesen, konnte auf Profil 2 verzichtet werden, um den Arbeitsaufwand herabzusetzen.

Aufbereitung der Proben, spektrographische Aufnahme und Auswertung

Die Bodenproben wurden im Trockenschrank bei 110 °C von der anhaftenden Bodenfeuchtigkeit befreit und auf eine Korngröße $< 0,1$ mm mittels eines 3teiligen Siebsatzes abgesiebt. Die feinste Fraktion gelangte nach 3minutigem Homogenisieren im Porzell anmörse zur Aufnahme mit dem FD-U-Rathenower Glasspektrographen. Die Abfunkbedingungen waren folgende: Kohlen T_3 ungepuffert, anodischer Gleichstromdauerbogen, Blende 11, Zwischenblende 5, Spaltbreite 9 μ,

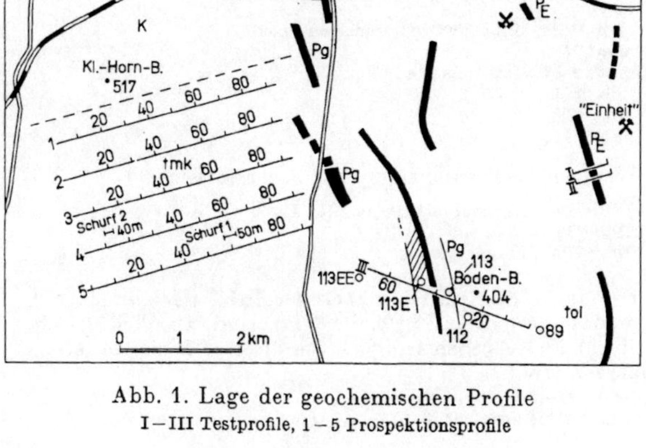

Abb. 1. Lage der geochemischen Profile
I—III Testprofile, 1—5 Prospektionsprofile

---

[1]) Eingang des Manuskripts in der Redaktion: 17. 4. 1963

[2]) Für die geologische Einführung in das Gebiet, verbunden mit gemeinsamen Geländebegehungen, bin ich den Bearbeitern des Objekts, Dipl.-Geol. LUTZENS und Dipl.-Min. BRÜNING, zu Dank verpflichtet.

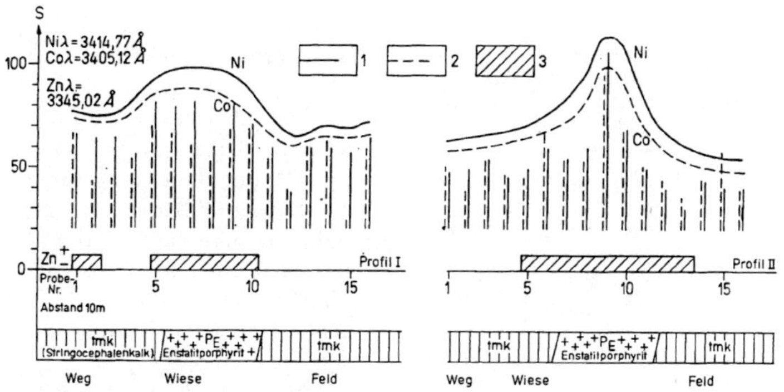

Abb. 2. Geochemisches Doppeltestprofil über einen Enstatitporphyritgang westlich des Schachtes „Einheit", M 1 : 1000
Schwärzungswerte der Elemente
1 – Ni, 2 – Co, 3 – Zn nachweisbar

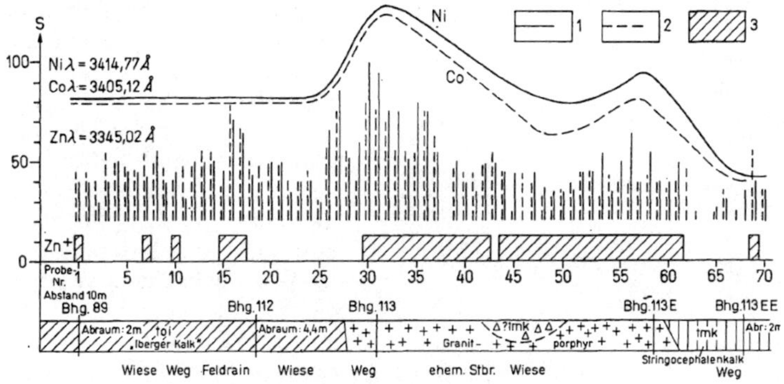

Abb. 3. Geochemisches Testprofil über einen Granitporphyrgang (südlich des Bodenberges), M 1 : 2000
Schwärzungswerte der Elemente
1 – Ni, 2 – Co, 3 – Zn nachweisbar

Belichtungszeit 20 sec, Anregung 8 A; Agfa-Spektralplatten rot, extra hart. Für jede Probe wurden Doppelbestimmungen ausgeführt.

Die Spektralplatten wurden lichtelektrisch mit dem Zeißschnellphotometer ausgewertet und die abgelesenen Schwärzungsintensitäten als Maß für die relativen Elementkonzentrationen benutzt. Eine halbquantitative Abschätzung der Elementgehalte mit einer synthetischen Eichsubstanz erforderte die hier nicht näher zu erörternden Schurfproben.

Zur Festlegung des geochemischen Untergrunds und zur Ermittlung der Anomalien genügen Relativwerte, die das Verhältnis der Proben untereinander charakterisieren.

Auswahl der zu bestimmenden Elemente

Die chemischen Unterschiede zwischen dem Stringocephalenkalk und dem eruptiven Gangmaterial sind ziemlich groß. Tab. 1 zeigt die Ergebnisse der halbquantitativ-spektralanalytischen Bestimmung von vier frischen Gesteinsproben aus dem Steinbruch am Bahnhof Elbingerode:

Von den neun angeführten Elementen verbleiben nach Durchsicht der 100 Testproben als geeignete Indikatoren zum Nachweis der Eruptivgänge im Kalk:

$$\text{Ni } \lambda = 3414{,}77 \text{ Å } (1000 \text{ R})$$
$$\text{Co } \lambda = 3405{,}12 \text{ Å } (2000 \text{ R})$$
$$\text{und Zn } \lambda_s = 3345{,}02 \text{ Å } (800 \text{ R})$$

Nickel ist nach GOLDSCHMIDT (1954) in basischen Gesteinen mit 160 g/t und in intermediären mit 40 g/t enthalten, während im unvererzten Stringocephalenkalk bestenfalls Bunt- und Eisenmetalle in Spuren zu erwarten sind. Als guter Indikator auf die Eruptivgänge erwies sich die Anwesenheit von Zink, das nach GOLDSCHMIDT in granodioritischen Gesteinen in Konzentrationen bis zu 60 g/t vertreten ist.

Im Gegensatz zum Kupfer, dessen anomale Werte sich noch 60 m vom Enstatitporphyritgang nachweisen ließen (Profil I und II), migrieren Nickel, Zink und Kobalt im humiden Kalkverwitterungsboden relativ kurze Strecken. Kupfer scheidet daher ebenso wie Zinn und Indium, die lediglich sporadisch vorkamen, als Indikatorelement aus. Die Barium- und Vanadiumgehalte lagen im Boden gleichmäßig hoch, so daß auf ihre Auswertung verzichtet werden konnte.

Bewertung der Analysengenauigkeit

Zur Ermittlung der mittleren Streuung für Ni und Co wurden die Doppelbestimmungen jeder 20. Bodenprobe herangezogen. Tab. 2 bringt die Berechnung.

4. Die Ergebnisse der geochemischen Sucharbeiten

Die Testprofile I, II und III

Anhand dreier Testprofile konnte die Brauchbarkeit der pedogeochemischen Methode zum Nachweis der Mittelharzer Gänge im Devonkalk erfolgreich überprüft werden.

Die 160 m langen Profile I und II überziehen einen etwa 50 m breiten Enstatitporphyritgang westlich des Schachtgeländes der Grube „Einheit", der durch mehrere Steinbrüche im Streichen aufgeschlossen ist. Bei den Proben oberhalb der Eruptiva liegen die Gehalte für Nickel über dem Schwellenwert S = 60, für Kobalt über S = 55; Zink ist anwesend. Der Enstatitporphyrit konnte also auf dem Doppelprofil I/II geochemisch auf 10—20 m genau auskartiert werden. Das stark migrie-

Tabelle 1

Gestein	Elementgehalte							Richtwerte in %	
	Cu	Sn	Zn	Ni	Co	In	V	Ba	Sr
Stringocephalenkalk	—	—	—	—	—	—	—	<0,0003	0,1
Enstatitporphyrit	0,001	0,003	Sp.	<0,003	0,001	Sp.	0,01	—	—
Granitporphyr (2 Proben gemittelt)	<0,0003	0,001	<0,03	>0,003	<0,003	Sp.	0,003	—	—

Tab. 2. Ermittlung der Streuung

Nr.	Nr. der Probe	Ni λ = 3414,77 Å 1000 R Doppelbestimmung	Mittelwert	Abweichung d abs.	proz.	Co λ = 3405,12 Å 2000 R Doppelbestimmung	Mittelwert	Abweichung abs.	proz.
1	I/1	60 80	70	±10	±14,3	58 62	60	± 2	± 3,3
2	II/5	40 60	50	±10	±20,0	34 56	45	±11	±24,5
3	III/10	46 28	37	± 9	±24,3	62 58	60	± 2	± 3,3
4	III/21	52 48	50	± 2	± 4,0	57 43	50	± 7	±14,0
5	III/41	29 41	35	± 6	±17,1	40 46	43	± 3	± 7,5
6	III/62	13 27	20	± 7	±34,8	22 22	22	± 0	± 0
7	1/12	34 48	41	± 7	±17,0	37 47	42	± 5	±11,9
8	1/32	68 64	66	± 2	± 3,0	62 52	57	± 5	± 8,7
9	1/52	30 42	36	± 6	±16,7	20 30	25	± 5	±20,0
10	1/72	24 38	31	± 7	±22,6	27 33	30	± 3	±10,0
11	1/92	48 32	40	± 8	±20,0	42 20	31	±11	±32,3
12	3/18	44 26	35	± 9	±25,7	30 38	34	± 4	±11,7
13	3/38	17 19	18	± 1	± 5,1	22 22	22	± 0	± 0
14	3/58	35 45	40	± 5	±12,5	50 30	40	±10	±25,0
15	3/78	31 41	36	± 5	±13,9	35 37	36	± 1	± 2,8
16	4/4	38 42	40	± 2	± 5,0	47 53	50	± 3	± 6,0
17	4/24	47 37	42	± 5	±11,9	55 51	53	± 2	± 3,8
18	4/44	45 37	42	± 3	± 7,3	40 30	35	± 5	±14,3
19	4/64	62 38	50	±12	±24,0	58 42	50	± 8	±16,0
20	4/84	30 20	25	± 5	±20,0	30 20	25	± 5	±20,0
21	5/10	42 46	44	± 2	± 4,5	44 46	45	± 1	± 2,2
22	5/30	42 50	46	± 4	± 8,7	40 44	42	± 2	± 4,7
23	5/51	32 28	30	± 2	± 6,7	24 22	23	± 1	± 4,3
24	5/70	64 64	64	± 0	± 0	52 60	56	± 4	± 7,2
25	5/90	48 52	50	± 2	± 4,0	43 47	45	± 2	± 4,4

durchschnittl. Streuung Ni λ = 3414,77 Å: ±14,8% Co λ = 3405,12 Å: ±9,8%

höheren Werte am Anfang von Profil I gehen auf die Wegschotterung zurück.

Das 700 m lange Profil III über die Granitporphyrgänge südlich des Bodenberges zeigte den Einfluß der Mächtigkeit der Schuttbedeckung auf den Kontrast zwischen geochemischem Untergrund und Anomalie. Bei Abraum über 2 m hebt sich der Grundpegel der Nickel- und Kobaltgehalte, so daß sich die Steilheit der Anomalie verringert.

Daher beschränkt sich die Aussagekraft geochemischer Bodenproben nach den bisherigen Erfahrungen auf 10 bis 15 m Teufe.

Im Bereich des Granitporphyrgangs ergaben sich zwei Gruppen anomal hoher Ni-Gehalte: Ein erstes starkes Maximum mit S = 80—100 wird durch eine Reihe niedriger Werte von einem zweiten weniger ausgeprägten getrennt. Während sich erhöhte Kobaltkonzentrationen lediglich im Bereich des stärkeren Nickelmaximums fanden, ließ sich Zink in der gesamten Gangzone zwischen Bohrung 113 und 113 E nachweisen. Die geophysikalischen Messungen in diesem Gebiet zeigten zwei Niederohmbereiche, was auf zwei geschart auftretende Gangzüge schließen läßt. Das würde sich gut mit der Nickelverteilungskurve decken. Der Kontrast zwischen geochemischem Untergrund und Anomalie ist am westlichen Salband des Granitporphyrs stärker als südöstlich des Bodenbergs an der Grenze zum Riffkalk (toi).

Verstreute Erz- und Keratophyrbrocken verursachten vereinzelte überhöhte Werte außerhalb des Gangbereichs, die bei der Gesamtbetrachtung wegen ihres sporadischen Charakters zu vernachlässigen sind.

rende Kupfer und das geochemisch häufige Titan[3]) (V. M. GOLDSCHMIDT gibt für Karbonate einen mittleren Titangehalt von 0,06—0,1 % an) ergaben keine Kontraste zwischen Eruptiv- und Sedimentmaterial. Die

[3]) Die röntgenometrischen Titanbestimmungen wurden dankenswerterweise im Zentr. Geol. Inst., Berlin, durchgeführt.

Das Untersuchungsgebiet am Kleinen Hornberg

Abb. 5 zeigt die GAUSSschen Verteilungskurven des Nickels und Kobalts für die Testprofile und die Proben aus dem Untersuchungsgebiet. Während die 100 Testproben eine fast symmetrische Verteilungskurve mit einem Maximum bei S = 50 aufweisen, ergibt sich für

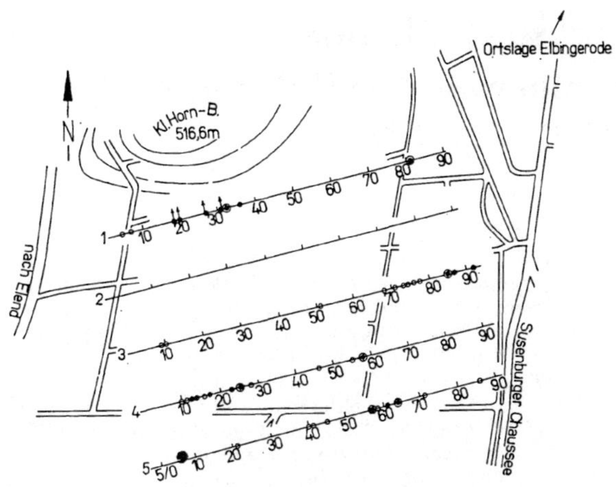

Abb. 4. Prospektionsgebiet am Kleinen Hornberg. Anomalienkarte M 1:5000. Überhöhte Ni- und Co-Werte und nachweisbare Zn-Konzentrationen werden am Probenpunkt abgetragen.

Ni – 3414,77 Å, Schwellenwert S – 60, Zn – 3345,02 Å, Co – 3405,12 Å, Schwellenwert S – 55

die Untersuchungsproben ein steilerer Abfall nach der Seite der höheren Konzentrationen. Das Maximum der letztgenannten Kurve liegt um fast 10 S niedriger. Dieser Kurvenverlauf läßt bereits auf das Nichtvorhandensein größerer Anomalien schließen.

Tatsächlich fanden sich im Untersuchungsgebiet, das von zwei Porphyrgängen begrenzt wird, wenige vereinzelte, kaum über dem Schwellenwert liegende Nickel- und Kobaltgehalte. Sie beschränkten sich ebenso wie die wenigen nachweisbaren Zinkwerte im wesentlichen auf ein welliges Lehmabbaugelände im Bereich der Profile 4 und 5. Ihr Zustandekommen konnte mittels Schurfproben geklärt werden.

Da im Untersuchungsgebiet keinerlei N—S streichende Anomalienbereiche auftraten, ist von der Oberfläche

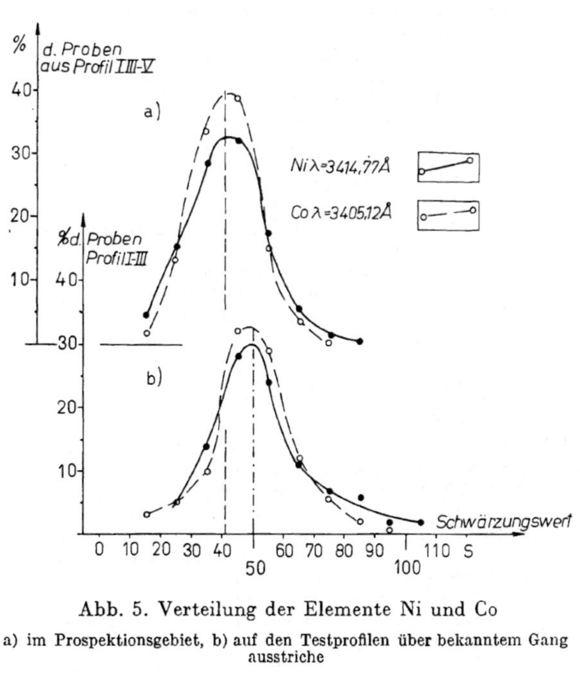

Abb. 5. Verteilung der Elemente Ni und Co

a) im Prospektionsgebiet, b) auf den Testprofilen über bekanntem Gang ausstriche

bis 10 m Teufe kaum mit ausstreichendem Granitporphyr oder Enstatitporphyrit zu rechnen.

Zusammenfassung

Im Rahmen der Kalkerkundung im Gebiet Elbingerode (Harz) gelangte als Kartierungshilfe die pedogeochemische Methode zum Einsatz. Mittels geeigneter Indikatorelemente sollten im mitteldevonischen Stringocephalenkalk verdeckte geringmächtige N—S streichende Eruptivgänge nachgewiesen werden. Auf drei Testprofilen bewiesen die überhöhten Nickel- und Kobaltwerte und meßbare Zinkgehalte im Bereich bekannter Gangausstriche die Anwendbarkeit der Methode.

Für das 0,7 km² große Untersuchungsgebiet am Südhang des Kleinen Hornbergs ergaben sich lediglich vereinzelte Nickel- und Kobalthochwerte, die kaum über dem geochemischen Untergrund lagen, so daß bis 10 m Teufe nicht mit anstehendem eruptivem Gangmaterial zu rechnen ist.

Резюме

При разведке известняка в районе г. Эльбингероде (Гарц) были применены геохимические съемки как вспомогательный метод геологической съемки. Посредством соответствующих элементов индикаторов следовало установить закрытые маломощные жилы эффузивных пород, простирающиеся с севера на юг, среди среднедевонских известняков Stringocephalus. По трем опытным профилям, заданным в районах известных выходов жил, повышенные содержания Ni, Co и Zn доказали применимость этого метода.

Результаты съемки, которые велись на площади в 0,7 км² на южном склоне возвышенности Клайнер Хорнберг, показали, что содержания Ni и Co только в некоторых разбросанных пунктах расположены немного выше геохимического фона области, что свидетельствует об отсутствии эффузивных жильных пород до глубины 10 м.

Summary

In the area of Elbingerode (Hartz Mountains) the pedological-geochemical method was used as a mapping aid in the reconnaissance for limestone, and was designed to demonstrate thin, covered intrusive veins trending in a N.-S. direction in the Middle-Devonian Stringocephalus lime by means of appropriate indicator elements. The applicability of the method was shown on three test profiles by increased nickel and cobalt values, as well as by measurable contents of zinc within the area of known vein outcrops.

For the area of prospection of 0.7 km² at the southern slope of Kleiner Hornberg only isolated high nickel and cobalt values were obtained and hardly exceeded the geochemical subsoil. This means that up to a depth of 10 metres outcropping intrusive vein matter cannot be expected.

Literatur

Ahrens, L. H.: Quantitative spectrochimic analysis of silicates. — Pergamon Press, London 1954.

Erdmannsdörfer, O.: Erläuterungen zum geologischen Meßtischblatt Elbingerode, Nr. 2379, Berlin 1908.

Ginsburg, I. I.: Versuch einer Ausarbeitung der theoretischen Grundlagen für die geochemische Prospektionsmethode. — Moskau 1957.

Goldschmidt, V. M.: Geochemistry. — Oxford 1954.

Hawkes, H. R.: Geochemical prospecting. — Ed. P. H. Abelson, New York, J. Wiley & sons, London 1959.

Schindler, R., H. Grassmann & H. Fuchs: Zur Diskussion über Gesetzmäßigkeiten der Elementverteilung. — Wiss.-techn. Informationsdienst des Zentr. Geol. Inst., 2, H. 5, Berlin 1961.

Schriel, W.: Geologie des Harzes. — Wirtschaftswiss. Ges. z. Studium Niedersachsens e. V., N. F., 49, Hannover 1954.

Thomä, W.: Über geochemische Untersuchungen der Devonscholle am Henneberg bei Weitisberga. — Z. angew. Geol., 9, 6, Berlin 1963.

Abschlußbericht über die geochemische Prospektion im Bereich des Objekts Katzmannstal (Blatt Ilmenau, Nr. 5331). — VEB Geol. Erk. West, Jena, 15. 8. 1961, unveröff.

Bericht über geochemische Untersuchungen im Raum Sparnberg (Blatt Hirschberg, Nr. 5536). — VEB Geol. Erk. West, Jena, 31. 3. 1962, unveröff.

Bericht über geochemische Untersuchungen im Rahmen der Kalkerkundung im Raum Elbingerode, Blatt Elbingerode, Nr. 2379. — VEB Geol. Erk. West, Jena 1962.

Instruktion zur Anwendung der „Klassifikation der Lagerstättenvorräte fester mineralischer Rohstoffe" auf Eisenerzlagerstätten der DDR

2. Eisenerz-Instruktion vom 25. 4. 1963

INHALT

1. Der Rohstoff und seine Lagerstätten in der DDR

1.1. Der Rohstoff Eisenerz

1.1.1. Von den über 360 bekannten eisenhaltigen Mineralen besitzen nur wenige industrielle Bedeutung.

1.1.2. Nach der mineralogischen Zusammensetzung und den vorherrschenden Eisenmineralen werden

a) magnetitische Eisenerze,
b) hämatitische oder Roteisenerze,
c) goethitische oder Brauneisenerze,
d) sideritische (karbonatische) Eisenerze und
e) chloritische (silikatische) Eisenerze

unterschieden.

1.1.3. Technologisch wird zwischen Eisenerzen unterschieden, die sich a) für den unmittelbaren Einsatz im Hochofen, b) nur nach entsprechender Vorbereitung für den Hochofenprozeß und c) nur für die Verarbeitung im Niederschachtofen eignen.

1.1.4. Für die Beurteilung des Rohstoffes sind maßgebend:

a) Fe-Gehalt,
b) Anteil und Zusammensetzung der Schlackenbildner,
c) Gehalt an nützlichen und schädlichen Beimengungen[1]),
d) Korngrößen und Kornverwachsungen,
e) Aufbereitbarkeit.

1.1.4.1. Nützliche Beimengungen (z. B. Vanadium, Mangan, Chrom, Kobalt und Nickel) beeinflussen die Qualität des Roheisens, da sie in den Stahl übergehen und in gewissen Grenzen seine Eigenschaften verbessern können.
Schädliche Beimengungen (z. B. Schwefel, Arsen, Zinn, Zink, Blei und Kupfer) beeinflussen die Qualität und den Verarbeitungsprozeß des Roheisens in negativer Richtung.

1.2. Die Eisenerzlagerstätten

Eisenerzlagerstätten können einen oder mehrere Erzkörper (z. B. Eisenerzlager) besitzen. Die Eisenerzlager der DDR lassen sich nach Größe, Form, Lagerung und dem Charakter der Verteilung der maßgebenden Komponenten in mehrere Typen gruppieren, zu deren Untersuchung — nach Art und Umfang — ein unterschiedlicher Aufwand erforderlich ist. In der DDR werden drei Typen der Erzkörper unterschieden, die sich nach ihren Lagerungsverhältnissen jeweils in zwei Untertypen gliedern (s. Tabelle 2).

1.2.1. Typ I
Großflächige schichtartige Erzkörper mit annähernd gleicher Mächtigkeit und relativ gleichbleibender stofflicher Zusammensetzung (Fe-Gehalt, Beimengungen, Schlackenbildner).

1.2.2. Typ II
Großflächige schichtartige Erzkörper wechselnder Mächtigkeit und/oder nicht gleichbleibender stofflicher Zusammensetzung, ferner kleine Lager des Typs I.

1.2.3. Typ III
Kleinflächige schichtartige Erzkörper wechselnder Mächtigkeit und/oder nicht gleichbleibender stofflicher Zusammensetzung, ferner komplizierte Körper absetziger Ausbildung (Stöcke u. ä.).

1.3. Die Lager einer Lagerstätte können zu einem oder mehreren Typen gehören. Im letzten Falle werden — bei einheitlichem Bohrnetz — in den verschiedenen Lagern unterschiedliche Untersuchungsgrade (d. h. auch Vorratsklassen) erreicht.
Teile eines größeren Lagers können verschiedenen Typen angehören. Die Zuordnung zum entsprechenden Erzkörpertyp ist in jedem Fall im geologischen Bericht zur Vorratsberechnung ausreichend zu begründen.

2. Die Untersuchung des Rohstoffes und der Lagerstätten

Die durchgeführten Untersuchungen können nur dann als ausreichend angesehen werden, wenn zuverlässige Angaben über die Menge, die Qualität des Rohstoffes, die hydrogeologischen und abbautechnischen Verhältnisse vorliegen, das heißt, wenn auf der Grundlage der Untersuchungsergebnisse eine einwandfreie Vorratsberechnung und industrielle Einschätzung der Lagerstätte möglich ist.
Die Erfüllung dieser Forderung wird am Untersuchungsgrad der Lagerstätte gemessen, der sich aus dem Erkundungs- und Erforschungsgrad zusammensetzt.

2.1. Der Erkundungsgrad
Zum Erkundungsgrad gehören Art und Umfang der durchgeführten Erkundungsarbeiten, ihr spezifischer Umfang, ihre räumliche Verteilung über die Lagerstätte und die Qualität ihrer Durchführung, die Zuverlässigkeit der Lagerstättenbegrenzung (horizontal und vertikal), die Art der Bemusterung und die Qualität ihrer Durchführung sowie die exakte Dokumentation der genannten Arbeiten.

2.1.1. Lager des Typs I und IIa werden hauptsächlich durch Kernbohrungen erkundet; es können Vorräte aller Klassen erreicht werden.
Beim Lagertyp IIb führen Bohrungen bei wirtschaftlich vertretbarem Erkundungsaufwand in der Regel nur zu Vorräten bis zur Klasse C_1. Zur Überführung in höhere Vorratsklassen sind meist bergmännische Arbeiten erforderlich. Beim Lagertyp III führen Bohrungen bei wirtschaftlich vertretbarem Erkundungsaufwand in der Regel nur zu Vorräten der Klasse C_2, zur Überführung in höhere Klassen werden sie daher gewöhnlich mit Hilfe bergmännischer Arbeiten erkundet, und Bohrungen haben meist nur untergeordnete Bedeutung.

2.1.2. Die Wahl des Bohrnetzes (quadratisch, rechteckig, rhombisch, Erkundungslinien usw.) hängt vom Charakter der Veränderlichkeit der Erzkörper ab.

2.1.3. Die Abstände der Bohrungen und bergmännischen Auffahrungen voneinander sind vom Lagerstättentyp und der angestrebten Vorratsklasse abhängig. Die in Tab. 3 im Anhang angegebenen Richtwerte stützen sich auf die praktische Erkundungserfahrung in der DDR und unterstellen durchschnittliche Verhältnisse. Übergänge von einem Typ zum andern und Abweichungen vom Durchschnitt werden in

[1]) Zur Orientierung wird im Anhang dieser Instruktion eine kurze Übersicht über den Einfluß der schädlichen und nützlichen Komponenten gegeben (Tab. 1). Die für jede Komponente angeführten Grenzgehalte sind lediglich Richtwerte, d. h. nicht in jedem Fall gültig.

der Praxis häufig angetroffen. Der Erkundungsgeologe ist daher verpflichtet, in jedem Falle (auch bei Übernahme der Richtwerte) nachzuweisen, daß die von ihm gewählten Erkundungsabstände optimal sind.

2.1.4. Der Kerngewinn im Erzkörper muß mindestens 80% betragen. Bei einem Kerngewinn im Erz von 60 bis 80% können die Bohrungen nur dann zur Vorratsberechnung herangezogen werden, wenn durch geophysikalische Bohrlochmessungen einwandfreie Daten für die Mächtigkeit vorliegen und sich in der Mächtigkeit keine zu beachtenden Gehaltsschwankungen andeuten. Die Qualität kann dann nach dem vorhandenen Kern auf diese Teile der Mächtigkeit extrapoliert werden.

2.1.5. Bohrungen mit einem Kerngewinn von weniger als 60% können derzeit — wenn die Geophysik keine qualitativen Daten liefert — zur Berechnung von Vorräten nicht herangezogen werden.
Haben mehrere benachbarte Bohrungen einen unzureichenden Kerngewinn gem. 2.1.4., so können nach den tatsächlich vorliegenden Unterlagen Mindestvorräte der Klasse C_2 (des Teilkerns) gesondert berechnet werden, wenn der vorliegende Teilkern bereits den Bilanzcharakter des Erzes nachweist. In neuen Lagerstätten werden diese Vorräte nicht bestätigt, sondern nur zur Kenntnis genommen.

2.1.6. Zur Bemusterung gehören Probenahme, Probenvorbereitung, Probenuntersuchung und Kontrolle der Ergebnisse.

2.1.6.1. Jedes angetroffene Erzlager(-körper) ist getrennt zu bemustern.

2.1.6.2. Die Proben aus Bohrkernen müssen aus der vollen Mächtigkeit des Lagers entnommen werden. Bei wechselnder Zusammensetzung in der Mächtigkeit ist der Kern zur Untersuchung so aufzugliedern, daß zusammenhängende einzelne, stofflich möglichst einheitliche Sektionen entstehen, deren Probegut gesondert zu analysieren ist. Dabei ist zu beachten, daß die Sektionen lückenlos die ganze Mächtigkeit erfassen. Probenintervalle kürzer als 0,8 m sind nur in seltenen Fällen ökonomisch vertretbar.
Die (willkürliche) Übertragung der Untersuchungsergebnisse eines Handstückes (Punktprobe) auf ein bestimmtes Intervall ist unzulässig für die Bestimmung von Durchschnittswerten.

2.1.6.3. Die Bemusterung der durch bergmännische Arbeiten aufgeschlossenen Lagerstättenteile erfolgt am zweckmäßigsten durch Schlitzproben, die das Erzlager in seiner ganzen Mächtigkeit erfassen. Wurde die Mächtigkeit des Lagers durch die Auffahrung nicht vollständig aufgeschlossen, ist durch kombinierte Probenahme (z. B. Schlitz und Bohrung) der ganze Erzkörper zu erfassen.

2.1.6.4. Als Richtwerte für die Abstände der Probenahmepunkte gelten bis auf weiteres die Entfernungen aus Tab. 4 (vgl. Anhang).

2.1.6.5. Die anzuwendende Methode der Probenahme ist auf die Eigenart der Lagerstätte, die erforderliche Genauigkeit und wirtschaftliche Gesichtspunkte abzustimmen.

2.1.7 Für die ordnungsgemäße Durchführung der Bemusterung und die sachliche Richtigkeit der dokumentierten Daten trägt der Unterzeichner der geologischen Dokumente die volle Verantwortung.

2.2. Der Erforschungsgrad

Zum Erforschungsgrad gehören Untersuchungen der Rohstoffqualität, der technologischen Eigenschaften des Rohstoffes und der bergtechnischen Verhältnisse (einschließlich Hydrogeologie), die geologische Analyse aller Erkundungsergebnisse, die Erforschung der Lagerstättengenese und die Ermittlung jener Faktoren, welche die Erzbildung begünstigen und seine Verbreitung kontrollieren.

2.2.1. Rohstoffliche Untersuchungen

Das Probenmaterial ist chemisch und physikalisch so zu untersuchen, daß eine eindeutige und den Forderungen der Industrie entsprechende qualitative und technologische Kennzeichnung des Rohstoffes möglich ist.

2.2.1.1. Für die chemische Analyse des Probenmaterials gelten folgende allgemeine Festlegungen:

a) Für jede Einzelprobe ist die Bestimmung des Fe-Gehaltes durchzuführen;
b) alle übrigen Komponenten können aus Gruppenproben mit maximal fünf, ordnungsgemäß gemischten Einzelproben bestimmt werden;
c) in schwerspatführenden Erzkörpern ist $BaSO_4$ ebenfalls in jeder Einzelprobe zu bestimmen.

2.2.1.2. Die Zuverlässigkeit der Analysenergebnisse ist durch Kontrollanalysen zu bestätigen.

2.2.1.3. Die Durchführung der Analysenkontrolle und die Auswertung der Kontrollergebnisse hat nach der Anweisung der ZVK zu erfolgen.

2.2.2. Die Bestimmung der Rohstoffdichte muß vorhandene Wechselhaftigkeit der Zusammensetzung des Rohstoffes berücksichtigen. Die zuverlässigste Bestimmungsmethode besteht im Abbau eines bestimmten Volumens anstehenden Erzes und seiner Wägung.
Die Dichtebestimmung an Bohrkernen ist nur dann zulässig, wenn der Bohrkern durch die Bohrmethode nicht verfälscht wurde.

2.2.3. Die Bestimmung des Feuchtigkeitsgehaltes erfolgt am zweckmäßigsten gemeinsam mit der Dichtebestimmung. Auf detaillierte Untersuchungen kann verzichtet werden, wenn die Feuchtigkeitsgehalte für die Verarbeitung praktisch bedeutungslos sind.

2.2.4. Mineralogische und petrographische Untersuchungen müssen vor allem Angaben über Korngrößen, die auftretenden Erzkomponenten und deren Verwachsungen liefern.

2.2.5. Im Laufe der Erkundung sind die hydrogeologischen und bergtechnischen Bedingungen für einen zukünftigen Abbau zu klären. Ihre Kenntnis ist von größter Bedeutung für die Projektierung. Vorratsberechnungen, in denen diese Verhältnisse nicht beschrieben werden, können in der Regel nicht bestätigt werden.

2.2.5.1. Zur hydrogeologischen Kennzeichnung der Lagerstätte gehören:

a) Hydrographie der nächsten Umgebung der Lagerstätte,
b) Verkarstungen und Schlottenbildungen,
c) wasserführende Horizonte,
d) wasserführende Störungen und Zerrüttungszonen,
e) Beobachtung und Messung der Wasserzuflüsse in den Grubenbauen,
f) stattgefundene Wassereinbrüche in fördernde Gruben und ihre Ursachen,
g) in alten (abgeworfenen) Grubenbauen zusitzende Wässer.

2.2.5.2. Zur Charakterisierung der bergtechnischen Verhältnisse gehören:

a) physikalische Eigenschaften des Erzes und des Nebengesteins, wie Standfestigkeit, Härte, Bohrfähigkeit, Klüftigkeit, Schüttungskoeffizienten u. a.,
b) Hinweise und Vorschläge für den Abbau,
c) Hinweise und Vorschläge zur günstigsten Abbauführung auf Grund der Qualitätsverteilung des Rohstoffes in der Lagerstätte.

3. Die Einstufung der Vorräte in die Vorratsgruppen und -klassen

Die Einstufung der Vorräte erfolgt nach den Bestimmungen der „Klassifikation der Lagerstättenvorräte fester mineralischer Rohstoffe der DDR" vom 31. 1. 1962. Sie ist für Lagerstättenvorräte an Eisenerzen wie folgt anzuwenden:

3.1. Einstufung in Vorratsgruppen

3.1.1. Die Einstufung der ermittelten Vorräte in Bilanz- bzw. Außerbilanzvorräte erfolgt auf Grund technisch-ökonomisch begründeter Konditionen, die von der Staatlichen Plankommission bzw. der von ihr beauftragten Institution bestätigt sein müssen. Vorratsberechnungen ohne Abschrift bestätigter

Konditionen können von der ZVK nicht bestätigt werden.

3.1.2. Vorräte, bei denen die Konditionen erfüllt sind, werden als Bilanzvorräte eingestuft. Vorräte, bei denen die Konditionen nicht erfüllt sind, die aber als zukünftiges Objekt einer Nutzung betrachtet werden können, werden als Außerbilanzvorräte eingestuft. Mineralvorräte, deren Kennwerte unter der unteren Berechnungsgrenze für Außerbilanzvorräte liegen, werden in den Vorratsberechnungen nicht erfaßt.

3.1.3. Prognostische Vorräte gemäß § 4 der 2. Vorratsklassifikation werden für größere geologische Einheiten, deren Eisenerz-Höffigkeit erkannt ist, berechnet.

3.1.3.1. Zur Untergruppe Delta-1 gehören Vorräte solcher Gebiete, die auf Grund regionaler Untersuchungsergebnisse mit bereits erkundeten Flächen verglichen werden können und in denen der Rohstoff mindestens in einem Punkte nachgewiesen wurde, d. h., für die prognostische Vorräte mit Hilfe der Methode der Analogie berechnet werden können.

3.1.3.2. Zur Untergruppe Delta-2 gehören Vorräte in solchen Gebieten, für die die Anwendung der Methode der Analogie wegen fehlender Unterlagen nicht möglich ist und die Verbreitung des Rohstoffes lediglich auf Grund allgemeiner regional-geologischer, stratigraphisch-fazieller, geophysikalischer u. a. Unterlagen angenommen wird.

3.2. Einstufung in die Vorratsklassen

Die Einstufung der Vorräte in die Vorratsklassen erfolgt nach dem Untersuchungsgrad. Dabei müssen alle im § 5 der 2. Vorratsklassifikation fester mineralischer Rohstoffe an die jeweiligen Klassen gestellten Bedingungen erfüllt sein.
Für Eisenerze werden diese Bedingungen wie folgt präzisiert:

3.2.1. Klasse A (a)

3.2.1.1. Der betreffende Lagerstättenteil (Block) wurde nach den in Tab. 3 angegebenen Richtwerten bzw. in für die Klasse A ausreichenden Abständen erkundet und der Rohstoff untersucht. Die erhaltenen Erkundungsdaten wurden lückenlos ausgewertet.

3.2.1.2. Beim Lagertyp IIIa können Vorräte der Klasse A nur durch bergmännische Arbeiten, vom Typ IIIb in der Regel überhaupt nicht nachgewiesen werden. Die Blöcke müssen an mindestens drei Seiten aufgeschlossen und untersucht sein, das Verhalten der Erzführung in Aufschlußlücken (nichtaufgefahrene Seite des Blockes) darf keine Zweifel hervorrufen.

3.2.1.3. Auf Grund der vorliegenden Untersuchungsergebnisse sind der Kondition nicht entsprechende Qualitäten und Mächtigkeiten innerhalb des Berechnungsblockes (für Bilanzvorräte) nicht zu erwarten.

3.2.1.4. Geologischer Bau, Faziesveränderungen, tektonische Störungen, hydrogeologische und bergtechnische Verhältnisse sowie Bereiche mit zu erwartenden bergtechnischen Schwierigkeiten müssen bekannt sein.

3.2.1.5. Bei durch Bohrungen erkundeten Vorräten liegt der Block im inneren Lagerstättenumriß.

3.2.2. Klasse B (b)

3.2.2.1. Der betreffende Lagerstättenteil (Block) wurde nach den in Tab. 3 angegebenen Richtwerten bzw. in für die Klasse B ausreichenden Abständen erkundet und der Rohstoff untersucht. Die erhaltenen Erkundungsdaten wurden lückenlos ausgewertet.

3.2.2.2. Beim Lagerstättentyp IIIa und IIIb können Vorräte der Klasse B nur durch bergmännische Arbeiten nachgewiesen werden. Die Blöcke müssen an mindestens zwei Seiten aufgeschlossen und untersucht und das Verhalten der Erzführung in Aufschlußlücken begründet zu folgern sein.

3.2.2.3. Im Vorratsblock müssen die wichtigsten Besonderheiten des geologischen Baus, fazieller Veränderungen und der Tektonik geklärt sein. Die Untersuchungsergebnisse müssen eine eindeutige Beurteilung der Vorräte ermöglichen.

3.2.2.4. Durch Bohrungen erkundete Vorräte liegen in der Regel im inneren Lagerstättenumriß. In besonders zu begründenden Fällen (naher Sicherheitspfeiler, nachgewiesene Störung) kann bei aushaltender Qualität und Mächtigkeit des Rohstoffes ein Grenzstreifen bis zum halben Erkundungsabstand in die gleiche Klasse einbezogen werden.

3.2.3. Klasse C_1 (c_1)

3.2.3.1. Der betreffende Lagerstättenteil (Block) wurde nach den in Tab. 3 angegebenen Richtwerten bzw. in den für die Klasse C_1 ausreichenden Abständen erkundet und der Rohstoff untersucht. Die Erkundungsdaten wurden lückenlos ausgewertet.

3.2.3.2. Beim Lagerstättentyp III können Vorräte der Klasse C_1 bei vertretbarem Erkundungsaufwand in der Regel nur durch bergmännische Arbeiten nachgewiesen werden. Die Blöcke müssen mindestens an einer Seite aufgeschlossen und bemustert sein.

3.2.3.3. Aus den Untersuchungsarbeiten muß das Verhalten der Parameter und wichtigsten Eigenschaften der Vorräte begründet gefolgert werden können. Die Hauptschwierigkeiten eines zukünftigen Abbaus müssen eingeschätzt werden können.

3.2.3.4. In Übereinstimmung mit § 8.2 der Klassifikation können bei entsprechenden geologischen Verhältnissen im Anschluß an Vorratsblöcke der Klassen A und B Vorräte der Klasse C_1 bis auf die Hälfte der für diese Klasse festgelegten Erkundungsabstände extrapoliert werden. Sie liegen in diesen Fällen im Grenzstreifen zwischen dem inneren und äußeren Umriß der Lagerstätte.

3.2.3.5. Der äußere Umriß wird nach den Ergebnissen der auf dem inneren Umriß liegenden Erkundungsaufschlüsse durch Profilkonstruktion oder andere Methoden der Extrapolation gezogen. Bei formalen Verfahren darf der halbe Abstand für die Klasse C_1 nicht überschritten werden.

3.2.4. Klasse C_2 (c_2)

3.2.4.1. Der betreffende Lagerstättenteil (Block) wurde nach den in Tab. 3 angegebenen Richtwerten bzw. in für die Klasse C_2 ausreichenden Abständen erkundet und der Rohstoff in Einzelpunkten bemustert bzw. wurden zu benachbarten Blöcken analoge Verhältnisse unterstellt. Die Erkundungsdaten wurden lücken los ausgewertet.

3.2.4.2. Aus den Erkundungsergebnissen muß hervorgehen, daß sich die geologischen Verhältnisse und die Rohstoffeigenschaften nicht grundlegend von analogen, eingehend untersuchten Vorräten unterscheiden. Wenn bei relativ wenigen Erkundungsdaten die ermittelten Gehalte nahe am industriellen Minimalgehalt liegen, werden die Gehalte und die geologischen Verhältnisse in anliegenden Blöcken hinzugezogen, um über die Eingruppierung der Vorräte in Bilanz- oder Außerbilanzvorräte zu entscheiden.

3.2.4.3. Verläuft die Blockgrenze eines erkundeten C_2-Blockes in der Nähe einer nachgewiesenen tektonischen Störung bekannten Verlaufs oder einer anderen den Abbau begrenzenden Linie kann die Zwischenfläche bei entsprechenden geologischen Voraussetzungen dem betreffenden C_2-Block hinzugefügt werden, wenn die Ertfernung zwischen beiden die Hälfte der C_2-Erkundungsabstände nicht überschreitet.

3.2.4.4. In Übereinstimmung mit § 8.2 der Klassifikation sind bei entsprechenden geologischen Verhältnissen im Anschluß an Vorräte der Klassen A bis C_1 Vorräte der Klasse C_2 bis zum halben C_2-Erkundungsabstand zu extrapolieren. Sie liegen in diesen Fällen im Grenzstreifen zwischen dem inneren und äußeren Umriß der Lagerstätte.

3.2.4.5. Der äußere Umriß wird nach den Ergebnissen der Erkundungsaufschlüsse auf dem inneren Umriß durch Profilkonstruktion oder andere Methoden der Extrapolation gezogen. Bei formalen Entscheidungen darf der halbe Abstand für die Klasse C_2 nicht überschritten werden.

4. Festlegungen für die Berechnung und Bilanzierung von Vorräten

4.1. Eisenerze sind getrennt nach Rohstoffsorten auszuweisen. Die Gliederung erfolgt nach der W_E-Zahl[2]) und dem Fe-Gehalt. Die ZIMMERsche Wert-(W_E)-Zahl gibt — nach der chemischen Analyse — das Verhältnis an, das zwischen den Nutzkomponenten Fe + Mn und den Schlackenbildnern bei einer vorgesehenen Schlackenkennziffer von

$$\frac{CaO + MgO}{SiO_2 + Al_2O_3} = 1$$

besteht. Die Wertzahl errechnet sich nach der Formel:

$$W_E = \frac{Fe + 0{,}5\,Mn}{1 + \frac{2\,(SiO_2 + Al_2O_3 - CaO - MgO) + 0{,}725\,BaSO_4}{100}}$$

Sind in den Erzen Verbindungen von Titan, Natrium und Kalium vorhanden, so müssen deren Gehalte bei der Verarbeitung berücksichtigt werden, da sie einen wesentlichen Einfluß auf die Schlackenführung haben.

4.2. Falls die Konditionen keine anderslautenden Grenzwerte vorschreiben, sind als Bilanzvorräte zu führen:

a) $W_E \geqq 20$ und Fe-Gehalt $\geqq 20\%$
b) $W_E \geqq 20$ und Fe-Gehalt $\leqq 20\%$, aber nicht $< 15\%$
c) $W_E \leqq 20$ aber nicht < 10 und Fe-Gehalt $\geqq 20\%$.

4.3.1. Die Berechnung der Vorräte muß auf Rissen solchen Maßstabes erfolgen, daß benachbarte Aufschlüsse mindestens 3—5 cm voneinander entfernt liegen, aber nicht kleiner als 1: 5000 oder 1 : 10000. Kleinere Maßstäbe bedürfen der ausdrücklichen Zustimmung der ZVK.

4.3.2. Die in der DDR z. Z. untersuchten Lagerstätten liegen in technisch erreichbaren Teufen. Sollten in Zukunft tieferliegende Lagerstätten angetroffen werden, ist ihre Bilanzwürdigkeit in jedem Einzelfalle zu überprüfen. Allgemein wird festgelegt, daß Vorräte bis zu einer Teufe von 1200 m als Bilanzvorräte und von 1200—1500 m als Außerbilanzvorräte geführt werden. Lagerstätten oder ihre Teile, welche in noch größere Teufen hinabsetzen, werden in die Vorratsberechnungen im allgemeinen nicht einbezogen. In fraglichen Fällen entscheidet die ZVK.

4.4. Eisenerzvorräte werden entsprechend den „Richtlinien der ZVK über Form und Inhalt von Vorratsberechnungen" in kt ausgewiesen.

4.5. Vorräte in befristeten Sicherheitspfeilern werden berechnet und in der entsprechenden Vorratsgruppe und -klasse gesondert ausgewiesen.

4.6. Vorräte in sog. ewigen Sicherheitspfeilern werden berechnet und der ZVK mitgeteilt; jedoch nicht bilanziert. Für ewige Sicherheitspfeiler müssen Abschriften der entsprechenden Verfügungen vorgelegt werden.

4.7. In den „Richtlinien der ZVK über Form und Inhalt von Vorratsberechnungen" wird eine industrielle Einschätzung neuerkundeter und in Abbau stehender Lagerstätten (Feldesteile) gefordert. Sie umfaßt u. a. folgende Angaben:
Vorgesehene und optimale Jahresförderung, erwartete Lebensdauer des Betriebes, Umfang der vorgesehenen Grund- und Nachfolgeinvestitionen, ihre Amortisationszeit, Selbstkosten je t Erz und je t Metallinhalt, Vergleich dieser Selbstkosten mit analogen Betrieben bzw. dem Durchschnitt des Industriezweiges, erwartete Abbauverluste, erwartete Verdünnung des anstehenden Erzes, wirtschaftliche Auswirkungen von Bergschäden und Grundwasserabsenkungen.
Diese Daten sind durch den erkundenden Betrieb nötigenfalls bei der zuständigen VVB oder einem Projektierungsbüro einzuholen.

[2]) Die Wertzahl ist kein „Wert"maß im üblichen Sinne, sondern eine metallurgische Kennziffer:
a) W_E < Fe-Gehalt (saures Erz; die W_E gibt in diesem Falle den Fe-Gehalt an, der sich nach Zugabe der entspr. kalkigen Zuschläge einstellt.
b) W_E = Fe-Gehalt (selbstgängiges Erz).
c) W_E > Fe-Gehalt (basisches Erz).

5. Die volkswirtschaftliche Bedeutung der Vorräte

5.1. Die im Kapitel V der 2. Vorratsklassifikation fester mineralischer Rohstoffe formulierte volkswirtschaftliche Bedeutung der einzelnen Vorratsklassen und ihrer Gesamtheit wird für Eisenerzlagerstätten durch spezielle Instruktionen und Weisungen der Staatlichen Plankommission geregelt.

5.2. Für Entscheidungen, die durch diese Weisungen nicht berührt werden, sind die entsprechenden Festlegungen der Vorratsklassifikation maßgebend.

ZENTRALE VORRATSKOMMISSION FÜR MINERALISCHE ROHSTOFFE DER DDR

Der Vorsitzende

Stammberger

Tab. 1. Übersicht über den Einfluß der schädlichen und nützlichen Komponenten der Eisenerze auf die Qualität und den Verarbeitungsprozeß des Roheisens

	Komponente	Einfluß auf Qualität und Verarbeitungsprozeß	Richtwert für den Gehalt im Roherz
Schädliche Beimengungen	Schwefel	Erschwert die Roheisenerzeugung, da mit größeren Schlackenmengen und höherer Basizität gearbeitet werden muß. Außerdem sind kostspielige Entschwefelungsverfahren außerhalb des Ofens notwendig. Er kann bei der Stahlherstellung nur mit großen Schwierigkeiten entfernt werden. Der Stahl wird dadurch rotbrüchig, so daß die Weiterverarbeitung durch spanlose Verformung sehr schwierig wird (s. auch $BaSO_4$).	1% S für eine optimale Verhüttung im Hoch- oder Niederschachtofen
	Arsen	Geht bei der Verhüttung fast vollständig in das Roheisen über. Zur Zeit bei der Stahlherstellung fast nicht zu entfernen. As führt zur Kaltbrüchigkeit und verschlechtert die Schweißbarkeit. Bereits 0,1% As im Stahl wirkt sich äußerst schädlich aus.	0,1% des Fe-Gehaltes an As
	Zinn	Löst sich im Roheisen und geht in den Stahl über; es erhöht die Sprödigkeit des Stahles.	0,05% des Fe-Gehaltes an Sn
	Zink	Verdampft im unteren Teil des Hochofenschachtes bei Verhüttung Zn-haltiger Erze und kondensiert in den höher gelegenen Zonen wieder. Der Zn-Dampf dringt in die Fugen des Mauerwerkes ein und zerstört es. Das kondensierende Zink setzt sich als ZnO ab und wirkt zerstörend auf das Steinmaterial und fördert die Ansatzbildung im Ofen. Außerdem ruft das metallische Zink im Gichtstaub Selbstentzündung hervor.	0,3% des Fe-Gehaltes an Zn
	Blei	Sammelt sich im Hochofen unter dem Roheisen an und kann durch Zerstören der Gestellausmauerung durchbrechen, so daß der Ofen außer Betrieb gesetzt wird. Höhere Bleigehalte verlangen besondere Einrichtungen zum Ablassen, z. B. einen Bleiabstrich unter dem Roheisenabstrich.	0,1% Pb
	Kupfer	Ist für viele Stahlsorten unerwünscht und schädlich bei höheren Gehalten, wenn keine Entkupferung des Roherzes vor der Verarbeitung erfolgt.	0,2% des Fe-Gehaltes an Cu

(Fortsetzung Tab. 1)

	Komponente	Einfluß auf Qualität und Verarbeitungsprozeß	Richtwert für den Gehalt im Roherz
	Phosphor	Geht bei der Verhüttung zu 95% in das Roheisen über und wird etwa im selben Verhältnis angereichert wie das Eisen. Kann sich sowohl schädlich als auch nützlich auf die Stahlqualität auswirken. Eisenerze mit geringem P-Gehalt werden bei der Thomasroheisenherstellung aus wirtschaftlichen Gründen möglichst nicht eingesetzt, da sonst phosphorhaltige Minerale besonders zugesetzt werden müssen. Zu hohe P-Gehalte im Stahl (0,05%) führen zur Erhöhung der Festigkeit und Streckgrenze sowie zur Verschlechterung der Zähigkeitswerte (Kaltbrüchigkeit). Bei Edelstählen erfolgt Anlaßversprödung durch hohen Phosphoranteil. Bei Stahl für spanabhebende Verformung und bei Gußeisen mit guter Fließbarkeit (Kunstguß) sind höhere Phosphorgehalte notwendig.	2% des Fe-Gehaltes (für Erzeugung von Thomasroheisen) 0,15% des Fe-Gehaltes (für Erzeugung von Spiegeleisen und Ferro-Mangan) an P
	$BaSO_4$	Führt zur Erhöhung der Schlackenviskosität und damit zur Erhöhung des metallischen Eisenverlustes mit der Schlacke. Im übrigen siehe unter Schwefel.	Bei Verwachsungen des Erzes mit $BaSO_4$ soll der Gesamt-Schwefel-Gehalt des Erzes nicht mehr als 1% des Fe-Gehaltes betragen
Nützliche Beimengungen	Mangan	Roherze mit Gehalten über 1% Mn werden als Manganträger angesehen. Bei der Erzeugung von Roheisen geht Mn je nach Ofenführung zu 30–60% in das Roheisen über; ein möglichst konstanter Mangangehalt ist anzustreben.	1,3% Mn (für die Erzeugung von Thomasroheisen) 3% Mn für die Erzeugung von Stahleisen
	Chrom	Geht bei der Verhüttung zu 90% in das Roheisen über. Höhere Chromgehalte im Roheisen sind nur erwünscht bei naturlegiertem Gießereiroheisen. Für Stahleisenherstellung sind Cr-Gehalte nachteilig, da der Stahlherstellungsprozeß erschwert wird.	0,15% des Fe-Gehaltes an Cr
	Kobalt, Nickel	Gehen bei der Verhüttung zu 90% in das Roheisen über und veredeln den Stahl. Bei höheren Gehalten an Co und Ni ist die Technologie der Verarbeitung des Roherzes zu ändern. Höhere Co- und Ni-Gehalte im Roherz wirken sich bei der Herstellung von Kohlenstoffstählen schädlich aus.	0,15% des Fe-Gehaltes an Co und Ni

Tab. 3. Richtwerte für den Abstand der Erkundungsarbeiten

Typ	Art der Erkundungsarbeiten	A	B	C_1	C_2
Ia	Bohrungen	200	400	800	1600
Ib	Bohrungen	100	200	400	800
IIa	Bohrungen	100	200	400	800
IIb	Bohrungen	–	–	200	400
	Bergm. Arbeiten	100	200	400	800
IIIa	Bohrungen	–	–	–	200
	Bergm. Arbeiten	50	100	200	400
IIIb	Bohrungen	–	–	–	100
	Bergm. Arbeiten	–	50	100	200

Tab. 2 Die Erzkörpertypen

Ausbildung des Erzkörpers / Lagerungsverhältnisse	tektonisch nicht oder geringfügig gestört, ruhige Lagerungsverhältnisse	tektonisch gestört, stark verfaltet, komplizierte Lagerungsverhältnisse
Große schichtartige Lager mit annähernd gleicher Mächtigkeit und stofflicher Zusammensetzung	Ia	Ib
Große schichtartige Lager mit wechselnder Mächtigkeit und/oder stofflicher Zusammensetzung; kleine schichtartige Lager des Typs I	IIa	IIb
Kleine schichtartige Lager mit wechselnden Mächtigkeiten und/oder stofflicher Zusammensetzung[1]); und stockartige Körper unregelmäßiger Form und absetziger Ausbildung	IIIa	IIIb

[1]) Gangartige Erzkörper werden wie schichtartige oder komplizierte Körper nach ihrer Ausbildung (Mächtigkeit und Absetzigkeit) und Tektonik behandelt und einem der vorgenannten Typen zugeordnet.

Tab. 4. Richtwerte für die Probenabstände in bergmännischen Bauen

Lagerstättentyp	max. Abstand in m
I	20–50
II	20–30
III	10–20

Tab. 5. Maximal zulässige Abweichungen bei Eisenerzanalysen

Komponente	Gehalt im Erz [%]	zulässige Differenz [%]
Phosphor	bis 0,1	0,003
	über 0,1 „ 0,5	0,02
	„ 0,5 „ 1,0	0,04
	„ 1,0 „ 2,0	0,06
	„ 2,0	0,1
Schwefel	0,03	0,004
	0,05	0,008
	0,10	0,012
	0,20	0,024
Aluminiumoxyd	bis 1	0,05
	von 1 „ 2	0,08
	„ 2 „ 5	0,10
	„ 5 „ 10	0,20
	„ 10 „ 25	0,35
Gesamteisen	bis 50	0,2
	über 50	0,3
Eisen(II)-Oxyd	bis 10	0,20
	30	0,30
	über 30	0,40
Mangan(II)-Oxyd	von 3 bis 4	0,13
	„ 4 „ 6	0,14
	„ 6 „ 8	0,17
	„ 8 „ 10	0,20
CaO	0,10–0,50	0,05
	0,50–2,00	0,10
	2,00–5,00	0,15
MgO	0,10– 1,00	0,07
	1,00– 3,00	0,15
	3,00– 5,00	0,18
	5,00–10,00	0,20
	über 10,00	0,25
SiO_2	0,20– 0,50	0,03
	0,50– 2,00	0,06
	2,00– 5,00	0,10
	5,00–10,00	0,15
	10,00–20,00	0,20
	über 20,00	0,50

Zeitschrift für angewandte Geologie (1963) Heft 9

Auch die Geologie muß rechnen[1]

(Die Lagerstätten-Erkundungsmethoden müssen vervollkommnet werden)

K. SATPAJEW, W. KREJTER & W. KOSERENKO, Moskau

Die Vervollkommnung bereits eingeführter und das Suchen nach neuen, wirksameren Methoden zur Erkundung mineralischer Rohstoffe und zur komplexen Nutzung der Naturschätze gehören zu den wichtigsten wissenschaftlich-technischen Problemen. Das kommt auch im Programm unserer Partei zum Ausdruck.

Die Erkundung mineralischer Rohstoffe kann in folgende Grundetappen eingeteilt werden: Prognose, Aufsuchen, Vorerkundung, Exploitationserkundung und geologische Betreuung der in Betrieb befindlichen Bergwerke. Jede dieser Etappen umfaßt ihrerseits einen Komplex von Untersuchungen. Zum Beispiel sind für eine zuverlässige Prognose erforderlich: vollwertige geologische und metallogenetische Karten, geochemische, metallometrische und geophysikalische Daten sowie andere Untersuchungen. Die geologischen Hauptfaktoren, die die Prozesse der Bildung und Verteilung der Lagerstätten innerhalb eines untersuchten Bezirks bedingen, werden nur auf Grund einer eingehenden Analyse aller dieser Materialien ermittelt. Als Ergebnis werden auf der prognostischen Karte diejenigen Bezirke ausgeschieden, in denen vordringliche Sucharbeiten durchzuführen sind.

Die Schlußfolgerungen und Empfehlungen zur geologischen Prognose müssen unbedingt auf der Analyse und Verallgemeinerung konkreter Fakten und nicht etwa auf spekulative, ausgedachte Hypothesen aufbauen. Das lehren uns die Erfahrungen der sowjetischen Gelehrten bei der Zusammenstellung metallogenetischer prognostischer Karten. Mit Hilfe solcher Karten war es möglich, Hunderte neue Buntmetall- und Eisenvererzungen sowie Erze seltener Metalle zu entdecken. Diese Karten fanden breite Anerkennung bei den praktisch tätigen Geologen.

Bei der Zusammenstellung solcher Karten geht es nicht immer glatt vonstatten. Das Ergebnis ist, daß nur ein geringer Teil von den geologischen Erkundungsbetrieben benutzt wird. Uns fehlt noch die notwendige Planmäßigkeit in der Zusammenstellung prognostischer Karten. Es fehlt auch die erforderliche Abstimmung zwischen den verschiedenen Organisationen, die auf diesem Gebiet arbeiten. Solche Karten sind oft von ihrer natürlichen Grundlage, den geologischen und geophysikalischen Karten, losgelöst.

Bei der Durchführung von Sucharbeiten werden derzeit die Methoden der metallometrischen Schnellbemusterung vielerorts eingeführt. Gewöhnlich läuft sie parallel mit der geologischen Kartierung großer Flächen. In verschiedenen Fällen wurden mit dieser Methode neue wichtige Lagerstätten entdeckt, insbesondere in Zentralkasachstan. Diese Bemusterung muß jedoch in Bezirken mit unterschiedlichem geologischem Bau, klimatischen Zonen und Landschaften differenziert mit verschiedenen Verfahren durchgeführt werden. Es müssen gründliche Untersuchungen vorgenommen werden, um diese Methoden zu präzisieren und sie schneller in die Praxis der industriellen geologischen Tätigkeit einzuführen.

Als Ergebnis der Sucharbeiten werden gewöhnlich Lagerstätten entdeckt und ihre geographische Lage erkundet. Damit aus ihrer Zahl diejenigen Lagerstätten ausgewählt werden können, die die größte Gewähr bieten, industriell nutzbar zu sein, muß man die charakteristischen geologischen Merkmale einer wirklich industriellen Lagerstätte dieses Typs sowie die Ökonomik des betreffenden mineralischen Rohstoffs kennen. Zur Lösung dieser Aufgabe müssen die erfahrensten Fachleute herangezogen werden. Leider wird diese Forderung in der Praxis oft ignoriert. Dadurch ist die Wahl eines Erkundungsobjekts oft zufällig, was zu unnützer Verausgabung bedeutender Mittel führt.

Zum Beispiel wurde der Kupfersandstein von Atbasar und Minussinsk ohne vorausgegangene erforderliche Untersuchungen erkundet. Im Ergebnis wurden Millionen Rubel unnötig ausgegeben.

Die Erkundung ist die teuerste und daher außerordentlich verantwortungsreiche Etappe im Zyklus der praktischen geologischen Arbeiten. Sie ermöglicht die industrielle Einschätzung einer Lagerstätte, die somit aus einer geologischen Kategorie in eine der Wirtschaft übergeht. Besonders verantwortungsreich ist die Etappe der Vorerkundung. In ihr werden die wesentlichsten geologisch-ökonomischen Besonderheiten der Lagerstätte festgestellt. Das ermöglicht den Vergleich des untersuchten Objekts mit analogen Lagerstätten des Landes. Das ist wichtig für die richtige Entscheidung, ob die weitere, viel kostspieligere, eingehende Erkundung der betreffenden Lagerstätte durchgeführt werden soll.

Viele neuzeitliche Untersuchungsmethoden, besonders die geophysikalischen, erbringen sehr gute Grundlagen für eine erste Einschätzung von Lagerstätten. Als Beispiel können hier die magnetometrischen Arbeiten angeführt werden, die sich in der Praxis bewährt haben. Mit ihnen wurden Eisenerz- und einige andere Lagerstätten exakt umgrenzt. Manchmal werden jedoch magnetometrisch umgrenzte Erzlager zusätzlich noch mit einem ungerechtfertigt dichten Netz von Erkundungsbohrungen überzogen. Dies stellt einen unnötigen Aufwand an materiellen und finanziellen Mitteln dar und führt zu Zeitverlusten.

Bei der vorläufigen industriellen Einschätzung einer Lagerstätte und der Wahl ihrer weiteren Erkundungsmethode brauchen die Geologen die Hilfe hochqualifizierter Experten. Erhalten sie zur Zeit eine solche? Leider nicht. Dadurch geschieht es nicht selten, daß viele wenig dringliche Lagerstätten gleich in das Stadium der eingehenden Erkundung übergehen. Auf diese Weise werden bedeutende staatliche Mittel blockiert. Für die Lösung der sehr komplizierten Probleme einer eingehenden Erkundung und Exploitationserkundung muß der Geologe alle Daten der Geologie,

---

[1]) Aus: „Prawda", 30. 5. 1963. Übers.: N. WELZER, Berlin

Geophysik und Geochemie, der physikalisch-mathematischen und technischen Wissenschaften heranziehen. Aber auch hier kann man ohne Konsultierung erfahrener Spezialisten nicht auskommen.

Das Problem der Prognose, des Aufsuchens und der Erkundung mineralischer Rohstoffe ist im wesentlichen eine Synthese und der Höhepunkt der modernen geologischen Wissenschaft. Wie sieht es in der Praxis mit der Bearbeitung dieses Problems aus? Es muß gesagt werden, daß diesem Problem bei uns ganz offensichtlich nicht genügend Aufmerksamkeit geschenkt wird. Die geologischen Institute der Akademie der Wissenschaften der UdSSR, die Institute vieler Akademien der Unionsrepubliken und sogar des Staatlichen Geologischen Komitees der UdSSR standen bisher abseits bei der Bearbeitung von Problemen der Suche und Erkundung mineralischer Rohstoffe. Auch die Ausbildung der geologischen Kader ist für diese Zwecke schlecht vorbereitet. Es genügt zu bemerken, daß die Lehre über die Methoden der Prognose, des Aufsuchens und Erkundens mineralischer Rohstoffe im Programm der geologischen Wissenschaften überhaupt fehlt.

Diese Fragen treten besonders scharf im Lichte der Beschlüsse des November-Plenums des ZK der KPdSU hervor. Die unkoordinierte Arbeit der verschiedenen wissenschaftlichen Institutionen und der praktisch arbeitenden geologischen Organisationen führt zu unnützen Ausgaben und zur Verzögerung bei der Entdeckung von Naturschätzen mit wirksamsten Mitteln. Die Worte des Genossen N. S. CHRUSCHTSCHOW, daß die Wissenschaft näher an die Produktion herangebracht werden muß, müssen die Hauptlinie der weiteren Entwicklung in der Geologie bestimmen.

Die Zeit ist gekommen, in welcher der wichtigste Zweig der geologischen Wissenschaft — die Lehre über die Prognose, über das Aufsuchen und die Erkundung von Lagerstätten mineralischer Rohstoffe — in unserem Lande neu gestaltet werden muß. Das von sowjetischen Geologen gesammelte einzigartige Unterlagenmaterial muß zum Gegenstand eines systematischen und gründlichen Studiums durch die Fachleute dieses Sektors werden. Die Wirksamkeit der geologischen Kartierung, der Such- und Erkundungsarbeiten wird dadurch ohne Zweifel in vielen Fällen erhöht werden.

Zur Zeit haben sich viele Fragen angesammelt, die nur mit Hilfe der Lehre über die Prognose, das Aufsuchen und die Erkundung von Lagerstätten richtig gelöst werden können. Die wichtigste unter ihnen ist die Zusammenstellung objektiver, komplexer, metallogenetischer, prognostischer Karten für so wichtige Gebiete wie Ural, Kasachstan, Sibirien, Mittelasien, Kaukasus, Ukraine und die Kolahalbinsel. Die vorteilhafteste Reihenfolge der verschiedenen Such- und Erkundungsarbeiten muß für die Bedingungen der einzelnen Erzregionen festgelegt werden. Vor den Wissenschaftlern steht hierbei die Aufgabe der Anwendung der mathematischen Analyse.

Das Leben erfordert die Schaffung spezieller Laboratorien und Gruppen für die theoretische Ausarbeitung des Problems der Prognose, des Aufsuchens und der Erkundung mineralischer Rohstoffe. Sie sollten zweckmäßigerweise innerhalb der geologischen wissenschaftlichen Institute eingerichtet werden. Es ist sehr wichtig, daß die entsprechenden Lehrstühle in allen geologischen Hochschulen erweitert und durch Aspiranturen die Ausbildung wissenschaftlicher Kader für das Aufsuchen und Erkunden mineralischer Rohstoffe verstärkt werden. Durch die vereinten Kräfte von Geologen, Geophysikern und Geochemikern der wissenschaftlichen Forschungsinstitute, der Hochschulen und der praktisch arbeitenden Institutionen müssen die rationellsten Formen der Organisation von Kollektiven für die Bearbeitung der Probleme der Prognose, des Aufsuchens und der Erkundung mineralischer Rohstoffe gefunden werden.

Zweifellos wird die schnellste Lösung dieser Aufgaben die Wirksamkeit der geologischen Such- und Erkundungsarbeiten verstärken und die Termine für die Vorratserweiterungen bei allen Arten mineralischer Rohstoffe verkürzen.

SHDANOW, M. A., UdSSR

Zur Einschätzung von Erdöl- und Erdgaslagerstätten und zur Berechnung ihrer Vorräte[1]

Referiert von KURT KAUTER, Berlin

Verf. stellt fest, daß in den letzten Jahren umfangreiche Arbeiten zur Einschätzung prognostischer Vorräte an Erdöl und Erdgas in der Sowjetunion ausgeführt wurden. Dennoch sind auf diesem Gebiet noch große wissenschaftliche Probleme zu lösen, um zu einer möglichst genauen Schätzung zu gelangen. Die weiteren Arbeiten laufen in zwei Hauptrichtungen:

1. Beurteilung der Perspektiven über das gesamte Gebiet der UdSSR auf der Grundlage besonders sorgfältig erarbeiteter Kriterien.
2. Berechnung und Neuberechnung bereits festgestellter Vorräte durch eine Präzisierung der Berechnungsmethoden und Projektierung neuer Methoden zur exakteren Bestimmung der Parameter.

Geologischerseits stehen neben der Stratigraphie und Lithologie vor allem Fragen der Tektonik im Vordergrund. Mit ihr stehen die Lithologie der Sedimente und die Anreicherung organischer Substanzen in ihnen ebenso im Zusammenhang wie die Bildung von Dis-

[1]) Originaltitel: Die wichtigsten Ergebnisse und Aufgaben bei der Einschätzung von Erdöl- und Gaslagerstätten und bei der Berechnung der Erdöl- und Gasvorräte. Aus: „Neues aus der Erdöl- und Gastechnik“, Geologie, Nr. 1, S. 60—62, Moskau 1962. Übers.: W. MEYER

kordanzen, klüftigen Speichern und Erdölfallen. Nur anhand einer eingehenden geotektonischen Untersuchung können die wichtigsten Gesetzmäßigkeiten in der Verteilung und Anordnung von Erdöl und Erdgas in bestimmten Gebieten erkannt werden.

Wichtig ist weiterhin eine Untersuchung der generell möglichen Typen von Lagerstätten und Fallen in einem Bezirk wie auch eine begründete Darstellung der Verteilung von Kohlenwasserstoffen entsprechend der strukturellen Lage, der Lithologie, der Tiefe und anderer Faktoren.

In diesem Zusammenhang spielen Fragen der Paläogeographie, der Paläoklimatologie, der physiko-geologischen Entwicklungstendenzen, der biochemischen Prozesse usw. eine bedeutende Rolle.

Bei der Anfertigung von Mächtigkeitskarten ist besonderer Wert auf die Fragen der Richtung und des Charakters der Veränderlichkeit in der Mächtigkeit von Schichten zu legen. Auf diese Art können Zonen auskeilender Speicher und Diskordanzen festgelegt und abgegrenzt werden.

Der Charakter der Speicher ist insbesondere hinsichtlich der sie begrenzenden, abdeckenden und abdichtenden Schichten festzulegen. Die allgemein gültigen Kennzeichen erleichtern die Zuordnung zu bestimmten Erdöl- und Erdgasakkumulationszonen. Sie sind häufig gebunden: in Geosynklinalgebieten an randliche und periphere Teile von Faltenzügen, auf Tafeln an großtektonische Aufwölbungszonen, oft auch an die peripheren Zonen von Depressionen, wie auch an den Saum von Randsenken.

Die geochemischen Kriterien für eine perspektivische Einschätzung sind zur Zeit noch nicht genügend ausgearbeitet und geklärt. Die meisten Sedimentgesteine enthalten dispers verteiltes Bitumen. Disperses Erdöl dagegen ist weit weniger bekannt. Die Frage der Grenzkonzentration von dispersem Bitumen, das an Gesteine gebunden bleibt und nicht migriert, ist noch nicht untersucht worden. Über eine perspektivische Einschätzung der Erdöl-Gasführung auf Grund des Kohlenstoffverhältnisses (carbon ratio) bestehen widersprechende Meinungen. Als dringliche Frage steht das Problem direkter geochemischer Suchmethoden im Vordergrund.

Von besonderer Wichtigkeit für die perspektivische Einschätzung der Erdöl-Gasführung ist die Chemie der Wässer, d. h. ihr Gehalt an bestimmten Komponenten, vor allem Ionen, Salzen und gelösten Gasen. Naphthensäuren weisen unmittelbar auf einen nicht allzu entfernten Kontakt mit Erdöl hin. Der Jodgehalt spielt ebenfalls eine wichtige Rolle. Günstige Kennziffern sind nicht selten chemische Reaktionsprodukte zwischen Erdöl und wassergelösten Salzen und Sulfatreduktionen, so daß sulfatfreie Wässer sowie Calcium- und Bromchloride bei entsprechenden Verhältnissen auftreten können.

Bei dem Vorliegen anderer günstiger Bedingungen können auch Alkali-, Natriumbicarbonat- und Chlorcalciumwässer wie auch Wässer mit gelösten Gasen (Methan, Äthan, Propan, Butan) und die Gase höherer gesättigter Kohlenwasserstoffe als Indikatoren dienen.

In solchen Fällen sind die entsprechenden Anomalien mit dem geologischen Bau eines Gebiets in Zusammenhang zu bringen.

Von großem Nutzen bei der Aufdeckung der Gesetzmäßigkeit in der Verteilung und Anordnung von Erdöl-Erdgaslagerstätten können hydrogeologische und paläohydrogeologische Untersuchungen sein, wenn diese Beobachtungen sich über ein gesamtes hydrodynamisches System erstrecken.

Bei der Vorratsberechnung herrscht im Augenblick noch die Volumenmethode vor. Die statistische Methode und die Materialbilanz treten zurück. Erstere wird vornehmlich für die Berechnung von Restvorräten (Lager ohne Randwasserdruck) angewandt oder in Fällen (Lager ohne Randwasserdruck), in denen einige Parameter für die Anwendung der Volumenmethode fehlen. Die Methode der Materialbilanz ist bei mittelgroßen und ausgedehnten Speichern mit veränderlicher Lithologie nicht gut anwendbar.

Die recht einfach erscheinenden Ausdrücke der Volumenformel bergen erhebliche Schwierigkeiten in der Fixierung einzelner Parameter in sich. Zum Beispiel ist es nötig, um den Umfang der erdölgesättigten Gesteine festzustellen, die erdölführende Fläche und die effektive erdölgesättigte Mächtigkeit zu finden. Hierzu ist in erster Linie erforderlich, die Lage des Wasser—Erdöl-Kontakts zu bestimmen. Bis heute ist es indessen unklar, was man als Oberfläche des Wasser—Öl-Kontakts ansehen soll, was die sogenannte Übergangszone darstellt und welcher Teil davon zum Erdöllager gehören muß. Die Methoden und Apparate, die zur Bestimmung des Wasser—Öl- (und des Gas—Wasser-)Kontakts Verwendung finden, müssen verbessert werden.

Weitere bisher nur unvollkommen gelöste Probleme sind: die Aussonderung der erdölgesättigten Intervalle insbesondere bei Karbonatspeichern und die Bestimmung der Porosität unter Schichtbedingungen ohne Kern. Des weiteren ist die Frage nach den Grenzen der Porosität, die bei der Aussonderung der abbauwürdig erdölführenden Elemente eines Beckens berücksichtigt werden muß, nur gering untersucht. Die gewöhnlich angenommene Grenze für die Ölsättigung der Speicher von 10% ist nicht begründet. Wenig erforscht sind fernerhin die Speichereigenschaften von Kluftgesteinen.

Ein wichtiges noch offenstehendes Problem ist das der Gas- und Ölsättigungskoeffizienten und der Methode für ihre Bestimmung unter Schichtbedingungen. Es sind sowohl Fernbeobachtungsapparaturen für die Bohrlochwand wie auch Apparate zum Kernen und zur Kernentnahme unter Schichtbedingungen intensiv zu entwickeln.

Es fehlen noch zuverlässige Methoden zur Bestimmung des Ölabgabekoeffizienten entsprechend den Speichereigenschaften der Schicht, der Lagerenergie, der Eigenschaften des Erdöls im Lager, des Gases, des Wassers und der beiderseitigen Wechselbeziehungen, des Abbauregimes, der Bohrlochdichte usw. Es gibt zur Zeit noch keine exakte Methodik zur Bestimmung des Ölabgabefaktors in erschöpften Lagerabschnitten.

Bei der Berechnung von Gaslagerstätten spielt neben der Volumen- die Druckabfallmethode eine gewisse Rolle. Die wichtigste Frage hierbei ist die exakte Feststellung der Schichtdrücke sowie ihre systematische Messung mit einwandfreien, überprüften Manometern.

Diese und ähnliche Fragen stellen schwerwiegende, schnell zu lösende Aufgaben für eine erfolgreiche weitere Entwicklung der sowjetischen Erdöl- und Gasindustrie dar.

Prinzip und Ergebnisse ingenieur-geophysikalischer Untersuchungen

Grund- und Straßenbau und Bauwerksüberwachung, Teil II[1])

(Veröffentlichung Nr. 16 der Arbeitsstelle für Praktische Geophysik der Deutschen Akademie der Wissenschaften zu Berlin, Freiberg/Sa., Leiter: Prof. Dr. O. MEISSER)

HEINZ MILITZER, Freiberg/Sa.

Alle bisher dargestellten Untersuchungsmethoden dienen letztlich dem Ziel, die Standsicherheit der Bauwerke experimentell zu begründen, eventuelle Setzungen und Veränderungen unter dem Bauwerk richtig vorauszusehen und ihnen, wenn nötig, wirkungsvoll und rechtzeitig zu begegnen. Dabei wurde als Ursache möglicher Veränderungen des Baugrundes lediglich die Auflast durch das Bauwerk vorausgesetzt. Zusätzlich mögliche Veränderungen im Baugrund durch impulsförmige Erschütterungen und dynamische Beanspruchungen blieben unberücksichtigt. Durch die Entwicklung der gewerblichen Sprengtechnik und durch die ständig wachsende Ausdehnung der Bergbau- und Steinbruchbetriebe ist die Frage der Wirkung der durch Sprengungen verursachten Bodenerschütterungen auf Bauwerke immer wichtiger geworden. Hinzu kommt, daß durch die Inbetriebnahme großer Maschinen mit umlaufenden oder hin- und hergehenden Maschinenteilen die Fundamente und der Untergrund ständig dynamisch beansprucht werden, so daß bleibende Veränderungen im Baugrund und Ermüdungserscheinungen in den Baumaterialien zu Rißbildungen und Schäden Anlaß geben können.

Damit wird die gleiche Problematik angedeutet, die in den erdbebengefährdeten Gebieten mit einem großen Aufwand zur Erforschung der zwischen Baugrund und dynamisch beanspruchtem Bauwerk wirksamen Zusammenhänge zwingt, damit durch die Entwicklung geeigneter Bauweisen der Auswirkung solcher Naturkatastrophen, wie sie Erdbeben darstellen können, weitgehend vorgebeugt wird.

In diesem Zusammenhang ist auch die Erarbeitung von Karten der Seismizität, wie sie für Deutschland von HILLER und SPONHEUER hergestellt wurden, nicht nur Sache der Erdbebenforschung, sondern diese Karten sind gleichzeitig eine auf dem Sektor der Erschütterungsmeßtechnik wichtige Grundlage für ingenieur-geophysikalische Arbeiten. Darauf aufbauend umfassen spezielle Untersuchungen den örtlichen Besonderheiten angepaßte geologisch-geophysikalische Komplexuntersuchungen und erstrecken sich auf:

1. die Untersuchung der lokalen Besonderheiten des Untergrundes mit dem Ziel, die geologischen und eventuell auch die hydrogeologischen Verhältnisse im Bearbeitungsraum und der näheren Umgebung zu klären. Dabei sind seitens der Geophysik im wesentlichen die Arbeitsmethoden erfolgversprechend, die im Laufe der bisherigen Ausführungen geschildert wurden;
2. die Untersuchung der eigentlichen Ursachen durch Schwingungsmessungen an den Maschinen, dynamisch beanspruchten Fundamenten und benachbarten Bauwerken;
3. die Untersuchung der bereits vorhandenen Auswirkungen und getroffenen Gegenmaßnahmen durch Setzungsmessungen mittels Schlauchwaage oder optischer Nivellements.

Dabei kommt zunächst der Schwingungsmessung selbst die größte Bedeutung zu. Wird die erzwungene Bodenbewegung in erster Annäherung durch eine Sinusschwingung dargestellt, so gilt für deren zeitlichen Verlauf die Beziehung

$$A = A_0 \sin 2\pi f t$$
$$A = \text{Amplitude}$$
$$f = \text{Frequenz}$$
$$t = \text{Zeit.}$$

Die durch eine Schwingung hervorgerufene dynamische Beanspruchung kann aber bestenfalls nur für sehr niedrige Frequenzen allein durch Betrachtung der Amplitude erfaßt werden, sondern muß im allgemeinen den zeitlichen Verlauf der Bodenbewegung berücksichtigen. Wird deshalb von der obenangegebenen Beziehung die erste und zweite zeitliche Ableitung gebildet, so ergeben sich für die Maximalgeschwindigkeit v_{max} bzw. für die Maximalbeschleunigung b_{max} der Bodenbewegung nachfolgende Ausdrücke:

$$v_{max} = 2\pi A_0 \cdot f \, [\text{cm s}^{-1}]$$
$$b_{max} = 4\pi^2 A_0 \cdot f^2 \, [\text{cm s}^{-2}].$$

Daraus ist ersichtlich, daß wegen der quadratischen Abhängigkeit der Schwingbeschleunigung von der Frequenz Schwingungen mit hohen Frequenzen gegenüber niederfrequenten Schwingungen bevorzugt und überbewertet werden. Zugleich aber ist die Dehnung, die in einem schwingungsbeanspruchten Material auftritt, proportional der Schwingungsgeschwindigkeit, und es zeigen sich bekanntlich dann Zerstörungserscheinungen, wenn die Dehnung jene Grenze überschreitet, bei der sich die plastische Deformation durch Rißbildungen äußert. Deshalb wird heute, durch Erfahrungswerte begründet, fast ausnahmslos die Schwinggeschwindigkeit als Meßgröße zur Beurteilung der Schädlichkeit von Erschütterungen auf Bauwerke bevorzugt. Es gibt nun eine ganze Reihe aus dieser Meßgröße abgeleitete Beurteilungsmaßstäbe, die nicht alle miteinander übereinstimmen und teilweise zu recht unterschiedlichen Ergebnissen führen. Diese Abweichungen betragen oft eine ganze Größenordnung, so daß man daraus erkennt, daß es beim Koordinieren oder Gewinnen von Erschütterungsmaßstäben vorerst um das Festlegen von Größenordnungen geht. Hinzu kommt, daß ein Gebäude schwingungstechnisch so kompliziert ist, daß nach dem augenblicklichen Erkenntnisstand umfassende Zusammenhänge noch nicht dargestellt werden können und eine allgemein verbindliche Normung bestimmter

[1]) Fortsetzung des Beitrages aus Heft 8/1963, S. 424 ff.

Abb. 24. Experimentalbauten für Schwingungsuntersuchungen in Japan. (Aufnahmen aus dem Privatbesitz von Herrn Prof. Dr. O. MEISSER)

Schädlichkeitsgrenzen nicht zweckmäßig erscheint. In jedem Fall müssen die Untergrundverhältnisse, die Bauwerkskonstruktion, das verwendete Baumaterial und der Bauwerkszustand bei der Einschätzung möglicher Schadenwirkungen auf Bauwerke gebührend berücksichtigt und vereinfachte Maßstäbe zur Schadenbeurteilung so gewählt werden, daß sie mit den bisherigen Erfahrungen nicht im Widerspruch stehen und deren Stufung den praktischen Anforderungen entspricht. Für die Festlegung der Stufung hat sich, sowohl durch die Erfahrung begründet als auch aus Ähnlichkeitsbetrachtungen der Mechanik abgeleitet, die Tatsache bewährt, daß Schwingungen gleicher Geschwindigkeit als annähernd gleichwertig empfunden werden. Eine Vergrößerung der Schwinggeschwindigkeit um das 1,6fache ist bereits deutlich wahrzunehmen. Deshalb wird häufig, sowohl subjektiv betrachtet als auch im Hinblick auf zu erwartende Wirkungen, ein Verhältnis von 1,6 als zweckmäßiger Stufensprung in den Beurteilungsmaßstäben eingeführt.

Es ist relativ wenig problematisch, die Einwirkung solcher Schwingungen auf Bauwerke zu beurteilen, die auf zeitlich begrenzte Auslösevorgänge wie Spreng- und Rammarbeiten oder dgl. zurückzuführen sind. Werden dagegen Bauwerke oder Fundamente durch umlaufende oder hin- und hergehende Maschinenteile ständig dynamisch beansprucht, so ist zusätzlich ein Zeitfaktor zu berücksichtigen, der für bleibende Veränderungen im Baugrund oder für Ermüdungserscheinungen in den Baumaterialien eine entscheidende Rolle spielt. In solchen Fällen ist eine besonders eingehende Analyse des Untersuchungsmaterials erforderlich, um den oft sehr verborgenen Zusammenhang zwischen Ursache und Wirkung aufzudecken. Dabei muß zwangsläufig die Arbeitsweise so komplex sein, wie in nachstehendem Beispiel ausgeführt werden soll.

In einem Kraftwerk, das in quartären Ablagerungen gegründet war, traten etwa ein Jahr nach Inbetriebnahme beachtenswerte Rißbildungen an den Fundamenten und den tragenden Konstruktionen einiger Kohlemühlen auf. Diese Rißbildungen wurden auf ungleichmäßige Setzungen zurückgeführt, als deren Ursache zum Teil Feinmaterialauswaschungen durch übergroße Grundwassergeschwindigkeiten angesehen wurden. Um diese ungleichmäßigen Setzungen zu unterbinden, wurden zunächst im Bereich größter Schadenwirkung Zementinjektionen vorgenommen. Zur Kontrolle des Wirkungsgrades dieser Bodenvergütungsarbeiten und zur Überprüfung noch vorhandener Setzungsvorgänge dienten Schlauchwaagemessungen im Gesamtbereich des Fundamentkellers. Überraschenderweise ergaben die Schlauchwaagemessungen, daß durch die Verpressungsarbeiten zunächst keine Beruhigung, sondern eine Belebung der Bewegungsvorgänge in Form zusätzlicher Hebungen auftrat (Abb. 25). Bei einem Meßintervall von 14 Tagen konnten bereits eindeutige Bewegungszentren mit Hebungs- bzw. Senkungsbeträgen von maximal +12,0 mm bzw. −3,0 mm nachgewiesen werden. Gleichermaßen ließen die in der Folgezeit mehrfach durchgeführten Schlauchwaagemessungen schon nach Ablauf von acht Wochen eine völlige Umkehr der Bewegungsvorgänge erkennen. Offenbar liegt die Ursache für diese Erscheinung in einer Überlagerung der Setzungen mit den durch die Verpressungsarbeiten erzwungenen Hebungen und ist keinesfalls durch eine Niveauänderung des Bezugsbolzens zu erklären.

Der geologische Befund erbrachte im Untersuchungsgebiet vorwiegend pleistozäne und holozäne Ablagerungen, in denen durch Pegelbohrungen zusammenhängende Schluffschichten mit Mächtigkeiten zwischen 0,5 und 3,5 m und in Tiefen zwischen 1,0 und 5,5 m angetroffen wurden. Außerdem ergab sich aus Pegelmessungen ein Grundwassergefälle zwischen 3,5 und 5‰ mit Extremwerten von 2,5 bis 6,7‰.

Unter Zugrundelegung der gleichfalls ermittelten Durchlässigkeitsbeiwerte mit $1 \cdot 10^{-3}$ bis $4 \cdot 10^{-4}$ m s^{-1} und unter Vorgabe eines nutzbaren Porenvolumens von ca. 25% wurden die Grenzwerte der Grundwasserströmungsgeschwindigkeit im Untersuchungsbereich von MILDE zu 2,32 bis 0,35 m/Tag errechnet. Diese außerordentlich geringen Grundwassergeschwindigkeiten sind typisch für pleistozäne Grundwasserleiter, so daß die an den Fundamenten beobachteten ungleichmäßigen Setzungen wahrscheinlich im wesentlichen durch die setzungsempfindlichen Schichten des Untergrundes begünstigt und durch die umlaufenden Kohlemühlen ausgelöst wurden. Für eine quantitative

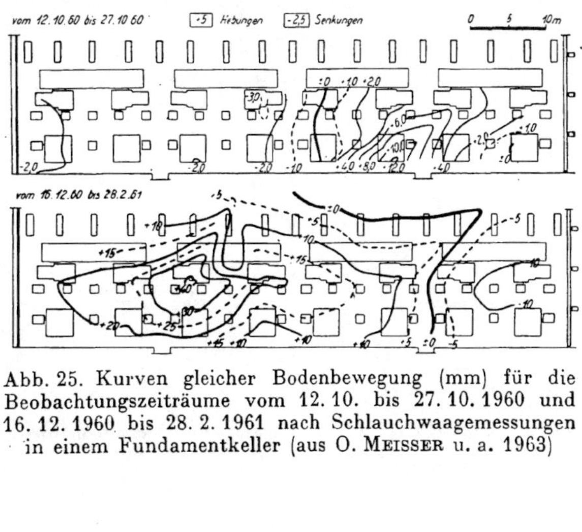

Abb. 25. Kurven gleicher Bodenbewegung (mm) für die Beobachtungszeiträume vom 12. 10. bis 27. 10. 1960 und 16. 12. 1960 bis 28. 2. 1961 nach Schlauchwaagemessungen in einem Fundamentkeller (aus O. MEISSER u. a. 1963)

Analyse der schon komplex vermuteten dynamischen Beanspruchung großer Bauwerks- und Fundamentteile durch die in Betrieb befindlichen Mühlen, Turbinen und Pumpen schien eine getrennte dynamische Untersuchung in den Frequenzbereichen < 50 Hz und > 50 Hz sinnvoll. Damit wurde angestrebt,

a) die dynamische Beanspruchung der Bauwerksteile und Fundamente zu erfassen, die im wesentlichen durch die mit einer mittleren Arbeitsfrequenz von 17 Hz laufenden Kohlemühlen ausgelöst wird. Erfahrungsgemäß führen solch relativ niederfrequente Bodenbewegungen bevorzugt zu Setzungen und bleibenden Deformationen des Untergrundes;

b) den Einfluß höherfrequenter Schwingungsanteile auf Bauwerke und Fundamente zu ermitteln, die besonders auch in Baumaterialien zu Ermüdungserscheinungen und demzufolge zu Rißbildungen Anlaß geben können.

Um ein generelles Bild über die Frequenzverteilung im gesamten Untersuchungsbereich zu erhalten, wurden die registrierten Bodenbewegungen auf Magnetband gespeichert und einer elektronischen Frequenzanalyse unterzogen, wie aus Abb. 27 ersichtlich ist. Bei laufend durchgeführten Bodenvergütungsarbeiten konnten die dynamischen Untersuchungen in größeren Zeitabständen (Oktober 1960, Mai 1961, Februar 1962) wiederholt und verglichen werden (Abb. 28). Aus dem Vergleich ergibt sich, daß sich der Wirkungsbereich der dynamischen Beanspruchung im Laufe der Jahre mit Ausnahme einer Mühle erweitert hat, in deren unmittelbarer Umgebung besonders intensiv Bodenvergütungsarbeiten durchgeführt wurden. In Verbindung mit dem Ergebnis der Frequenzanalyse (Abb. 29) muß festgestellt werden, daß sich im Laufe der vergangenen Jahre auch der Wirkungsbereich der dynamischen Beanspruchung für Schwingungsanteile mit Frequenzen > 50 Hz in sämtlichen drei Raumrichtungen wesentlich erweitert hat (Abb. 30).

Auf Grund dieses Untersuchungsbefundes konnte eindeutig nachgewiesen werden, daß die durchgeführten Bodenvergütungsarbeiten nicht in vollem Maße den erwarteten Nutzen gebracht haben, sondern die Einführung einer wirksamen Schwingungsisolierung empfohlen werden mußte. Diese konkreten Schlußfolgerungen waren die Folge einer sukzessiven Einengung der möglichen Schadenursachen und nur möglich durch eine komplexe Arbeitsweise und zusammenfassende Betrachtung aller Untersuchungsergebnisse.

Das vorstehend Dargelegte umfaßt charakteristische Ergebnisse komplex-geophysikalischer Arbeiten, deren

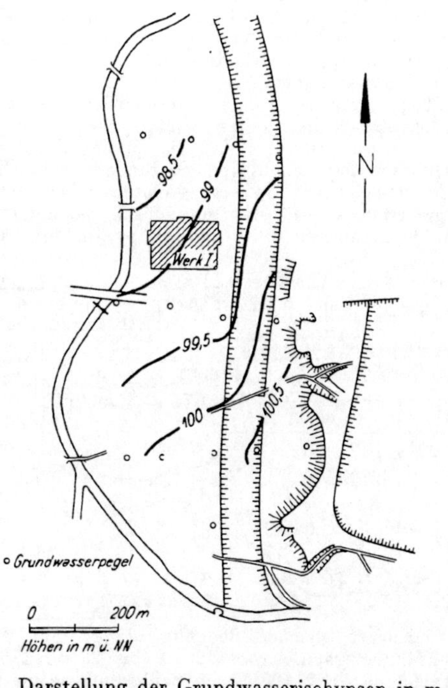

Abb. 26. Darstellung der Grundwasserisohypsen in m über NN (nach G. MILDE)

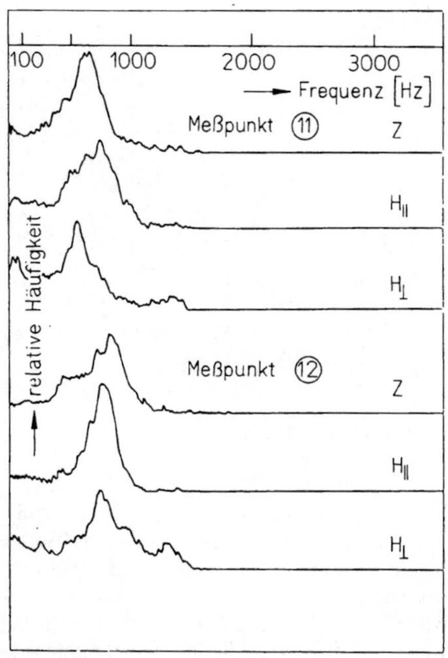

Abb. 27. Beispiel einer Frequenzanalyse der aufgenommenen Bodenbeschleunigung in den drei Raumrichtungen bei dynamischen Fundamentuntersuchungen im Frequenzbereich > 50 Hz (aus O. MEISSER u. a. 1963)

Z = Vertikalkomponente; $H_{||}$ und $H_{\perp}$ = Horizontalkomponenten der registrierten Bodenbewegungen

Methodik heute so weit durchgebildet ist, daß sie eine wirkungsvolle Unterstützung für die Baugrunduntersuchung und die Bauwerksüberwachung bieten. Dabei wurde auf die Darstellung der Entwicklungstendenzen und jener Verfahren verzichtet, über deren Nutzanwendung die Diskussion noch nicht abgeschlossen ist. Aber auch bei dem gegenwärtigen Stand muß festgestellt werden, daß die Geophysik als „Neue Technik" einen breiten Anwendungsbereich im gesamten Bauwesen finden kann, und zwar

a) in der Baugrunduntersuchung

durch den Einsatz hammerschlag- und hochfrequenzseismischer Verfahren zur Abgrenzung unterschiedlich schallharter Lockergesteine, in der Wassererkundung und zur Überprüfung der Gleichförmigkeit von Schüttböden;

durch den Einsatz geoelektrischer Verfahren zur Unterstützung dieser Arbeiten, zur Korrelation und Einsparung notwendiger Bohrungen im Straßenbau sowie zur Klärung spezieller Fragen an wasserbaulichen Vorhaben;

durch den Einsatz radiometrischer Dichte- und Wassergehaltsbestimmung an Lockerböden im gesamten Grund- und Straßenbau, im Wasserbau an Deichen und Dämmen zur Homogenitätsüberprüfung, im Braunkohlenbergbau und in der Landwirtschaft;

durch den Einsatz von Ultraschall- und Bodenvibratormessungen auf Festgesteinen zur Bestimmung dynamischer E-Moduln und schließlich

durch geothermische Messungen im Wasserbau;

b) in der Bauwerksüberwachung

durch Setzungsmessungen mittels Schlauchwaage an Talsperren, Stein- und Erddämmen sowie Großbauten;

durch Erschütterungsmessungen an industriellen Bauanlagen und durch Ultraschall- und Vibratormessungen zur Bestimmung elastischer Kennwerte des Massenbetons, von Straßen und Betondecken.

Damit geht das Streben der angewandten Geophysik über die klassischen Aufgaben in der Suche nach Erdöl, Erdgas, Erzen und Salzen sowie ihre Anwendung auf bergbauliche Probleme über und unter Tage hinaus, um das gesamte Gebiet der Ingenieurtechnik überall da mit zu befruchten, wo physikalische Probleme von Boden und Bauwerk statisch oder dynamisch auf experimenteller Grundlage einer praktischen Lösung zugeführt werden müssen. Dieses Bemühen ist in der gesamten internationalen Fachwelt besonders in der SU und den USA zu beobachten. In den USA werden vorwiegend seismische und geoelektrische Arbeiten für bautechnische Zwecke im Tunnel- und Straßenbau sowie bei der Erkundung geringmächtiger Lockerschichten eingesetzt. In der SU wird in vorbildlicher Weise die ingenieurgeophysikalische Forschungstätigkeit auf breiter Grundlage durch das Akademieinstitut für Physik der festen Erde in Moskau und Tbilissi gefördert, und die Ergebnisse werden in der Praxis des Bauwesens umfassend genutzt. Große Gebiete speziell in den seismisch aktiven Bereichen wurden unter Zuhilfenahme geophysikalischer Untersuchungsverfahren ingenieurgeologisch kartiert, radiometrische Dichte- und Wassergehaltsbestimmungen werden zur Unterstützung bodenmechanischer Untersuchungen an vielen industriellen Großbaustellen durchgeführt, und die Ergebnisse einer ausgefeilten Erschütterungsmeßtechnik haben wesentlich mit zur Erarbeitung moderner Gesichtspunkte für aseismische Bauten beigetragen. Aber auch die in der DDR in den letzten Jahren auf dem Gebiet der Ingenieurgeophysik erzielten Ergebnisse lassen uns begründet feststellen, daß die Geophysik eine wirksame wissenschaftliche und ökonomische Unterstützung für unsere Bauvorhaben bietet. Deshalb ist es notwendig, daß bei künftigen Qualifizierungslehrgängen für Ingenieurgeologen auch die Möglichkeit einer geophysikalischen Hilfe mit berücksichtigt wird (R. KÖHLER 1963). Gerade durch die enge und verständnisvolle Zusammenarbeit zwischen Ingenieurgeologen, Baufachmann und Geophysiker war es doch möglich, die vielen kleinen und großen Probleme zu bearbeiten, die sich in den Senkungsgebieten Erdeborn, der Mansfelder Mulde und im Werragebiet ergaben. Ein Ingenieurgeologe und ein Baufachmann, der heute noch bei der Lösung seiner Aufgaben auf die Mithilfe der Geophysik verzichtet, wird sich morgen doch mit ihr

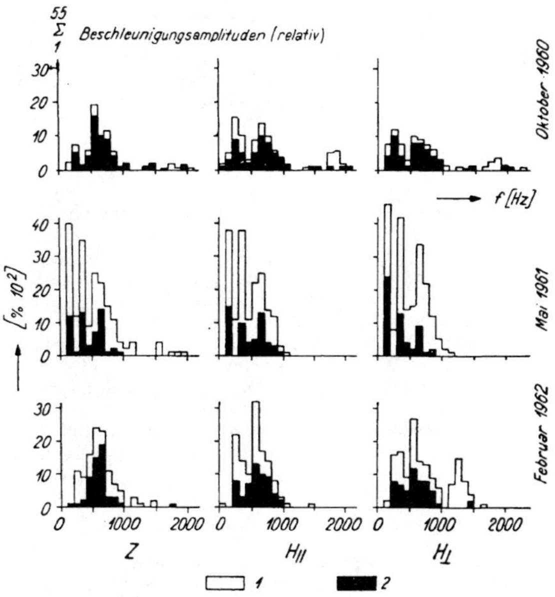

Abb. 29. Summe der relativen Beschleunigungsamplituden als Funktion der Frequenz über den Komponenten $H_{\parallel}$, $H_{\perp}$ und Z (parallel und senkrecht zur Längsachse des Gebäudes, Vertikalkomponente)

1 – Summe prozentualer Überlagerungsanteile, 2 – Summe maximaler Beschleunigungsamplituden

Ordinateneinheit: Maximale Beschleunigungsamplitude je Meßpunkt 100% (aus O. MEISSER u. a. 1963)

beschäftigen müssen. Der Wiener Bauexperte SINGER schrieb 1932:

„Oberstes Ziel der Baugrundgeologie ist das Erkennen und Vermeiden von Schwierigkeiten. Aufgabe des Grundbaues ist es, jene Schwierigkeiten, denen man nicht ausweichen kann, zu überwinden."

Dazu bietet die Geophysik im Rahmen der aufgezeigten Möglichkeiten ihre Hilfe mit dem Ziel an, die Wissenschaftlichkeit und die Wirtschaftlichkeit der Arbeit im Bauwesen und in allen damit verbundenen Teildisziplinen zu erhöhen.

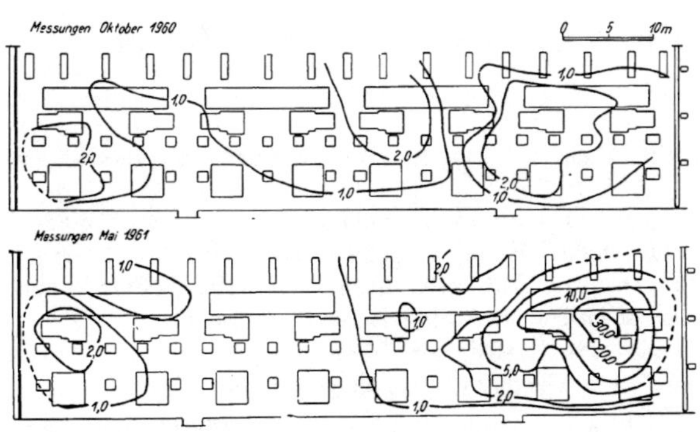

Abb. 28. Linien gleicher absoluter Schwinggeschwindigkeiten v (mm s^{-1}) in der Vertikalkomponente für Frequenzen < 50 Hz (aus O. MEISSER u. a. 1963)

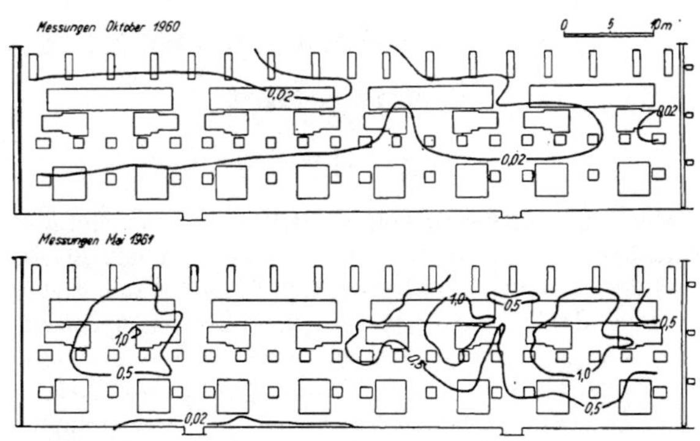

Abb. 30. Linien gleicher relativer Amplituden des Vektors der Bodenbeschleunigung T (V) für Frequenzen > 50 Hz

Herrn Prof. Dr. O. MEISSER und unserem Kollektiv danke ich an dieser Stelle, daß mir in so großzügiger Weise auch bisher unveröffentlichtes Material des Instituts für Angewandte Geophysik und der Arbeitsstelle für Praktische Geophysik, Freiberg, zu benutzen gestattet wurde.

Zusammenfassung

Anhand umfangreichen experimentellen Materials werden jene Verfahren der geophysikalischen Baugrunduntersuchung und Bauwerksüberwachung kritisch zusammengestellt, die nach jahrelanger Erprobung als Teilergebnisse aus der Grundlagenforschung herausgelöst werden können und zwecks Einführung in den Routinegebrauch zur Diskussion vorgelegt werden. Dabei werden betont die Einsatzmöglichkeiten der Seismik, Geoelektrik und Radiometrie zur Untersuchung rolliger und bindiger Böden herausgearbeitet. Beim Talsperren- und Straßenbau hat sich für die Ermittlung von Kennwerten in situ die Vibratortechnik hervorragend bewährt. Hinsichtlich der Bauwerksüberwachung werden Methodik und Aussagekraft von Senkungs- und Erschütterungsmessungen aufgezeigt.

Резюме

На основе обширного опытного материала были криктически составлены те способы геофизического исследования строительного грунта и контроля сооружений, которые после многолетнего испытания могут быть выделены в качестве частичных результатов из тематических исследований; эти результаты автор ставит на обсуждение с целью их введения в обычную практику. Особенно подчеркиваются возможности использования сейсмики, геоэлектрики и радиометрии для исследования связующих и несвязующих грунтов. При строении плотин и дорог вибраторная техника дала выдающиеся данные для установления показателей грунтов и горных пород в ненарушенном положении. По отношению контроля сооружений освещаются методика и степень надежности измерений опускания и сотрясения.

Summary

Based on comprehensive experimental data a critical review is given of methods of geophysical soil investigation and building supervision, which after trials lasting for years can be eliminated as partial results from basic research, and can be presented as a matter of discussion with reference to their introduction as routine procedures. In this respect the use of seismology, geoelectrics and radiometry for the investigation of cohesive and non-cohesive soils is particularly emphasized. In dam and road construction vibrating is a proved method for determining in-situ characteristics. As for building supervision, the technique and force of evidence of subsidence and vibration measurements are shown.

Literatur

EIFE, K. H.: Die Bestimmung des Raumgewichts von Böden und Gesteinen durch Gamma-Strahlen. – Freiberger Forsch.-H. C 61 (1959).
HOHL, R.: Beitrag zur Methodik ingenieurgeologischer Karten. – Z. angew. Geol., H. 6, S. 272–277 (1960).
KÖHLER, R.: Fünf Jahre Ingenieurgeologie. – Z. angew. Geol., H. 11/12, S. 565–571 (1957).
– Die Ingenieurgeologie im Baugeschehen der DDR. – Bergakademie, H. 12, S. 704–705 (1959).
– Kurzlehrgänge zur Qualifizierung für Ingenieurgeologen. – Wiss.-Techn. Informationsdienst des Zentr. Geol. Inst., 4, 1, S. 6–11 (1963).
KÖHLER, R., & A. THOMAS: Über den Stand der ingenieurgeologischen Kartierung in der DDR. – Z. angew. Geol., H. 2/3, S. 86–94 (1958).
– Vorläufer moderner Baugrundkarten. – Z. angew. Geol., H. 2, S. 81 bis 84 (1960).
MEISSER, O.: Setzungsmessungen im VEB Feinzink Freiberg. – Institut für Angew. Geophys. der Bergakademie Freiberg (Unveröffentlichtes Gutachten 1959).
– Praktische Geophysik. – Verl. Theodor Steinkopff, Dresden und Leipzig 1964.
MEISSER, O. G. MILDE, H. GAST & CH. OELSNER: Geophysikalische Untersuchungen an Flußdeichen bei Boizenburg und Lenzen. – Institut für Angew. Geophys. d. Bergakademie Freiberg (Unveröffentlichtes Gutachten 1962.)
MEISSER, O. & H. MILITZER: Seismisch-elektrische Untersuchungen und Schlauchwaagebeobachtungen im Bereiche des Topographischen Dienstes Dresden. – Inst. f. Angew. Geophys. der Bergakademie Freiberg (Unveröff. Gutachten 1959–1961).
– Statische und dynamische Vergleichsmessungen an Probefundamenten und am anstehenden Gebirge im Talsperrenbau. – Freiberger Forsch.-H., Reihe C (im Druck).
MEISSER, O. H. MILITZER & G. PORSTENDORFER: Elektrische und seismische Baugrunduntersuchungen im Aufbaugebiet des VEB Zinkhütte Freiberg. – Inst. f. Angew. Geophys. der Bergakademie Freiberg (Unveröff. Gutachten 1957).
MEISSER, O. & J. SCHÖN: Seismische Untersuchungen in Labor und Gelände an Lockergesteinen. – Diplomarbeit (Inst. f. Angew. Geophys. der Bergakademie Freiberg) (auszugsweise im Druck).
MEISSER, O. & P. HABERLAND: Nahseismische Untersuchungen mit einem Bodenvibrator. – Diplomarbeit (Inst. für Angew. Geophys. der Bergakad. Freiberg 1962, unveröffentlicht).
MEISSER, O., H. MILITZER & G. MILDE: Geophysikalisch-geologische Komplexuntersuchungen an Großfundamenten. – Bergakademie (im Druck).
MILITZER, H.: Einige Ergebnisse der Vibratortechnik in der Ingenieurgeophysik. – Geophys. Prospecting (im Druck).
– Entwicklung und Erprobung eines amplituden- und frequenzvariablen Bodenvibrators für nahseismische Untersuchungen. – Habilitationsarbeit (Arbeitsstelle für Praktische Geophysik, Freiberg 1962 (im Druck).
Werbeprospekt der United Geophysical Corporation. Geophysical Prospecting 10 (1962) 4.
Scintillators, low level counting installations, nucleonic instruments. – Nuclear enterprises (G. B.) Ltd. (Katalog Oktober 1962).

Untersuchungen zur Erfassung des Grundwasserhaushalts im Parthegebiet[1]

HANS-HEINRICH PRETSCHOLD, Halle, RÜDIGER SPENGLER, Halle, & ERNST-MANFRED WIEDENROTH, Berlin

Unter diesem Thema laufen seit 1959 drei Forschungsaufträge, die vom Institut für Wasserwirtschaft Berlin und der Wasserwirtschaftsdirektion Saale—Weiße Elster in Halle (Saale) bearbeitet werden. Außer den Arbeiten, über die im folgenden berichtet wird, sind eine bodenkundliche Kartierung, die Untersuchung des Boden- und Grundwasserhaushalts sowie der Beziehungen zwischen oberirdischen und unterirdischen Abflüssen vorgesehen.

Das Arbeitsgebiet umfaßt das ca. 370 km² große Einzugsgebiet der Parthe, des letzten Zuflusses der Pleiße, das sich von Leipzig nach SE erstreckt. Es setzt sich aus kuppigem Porphyrhügelland im Osten, aus Endmoränengebiet — im Süden die sandige, morphologisch wenig wirksame Wachau—Grimmaer Eisrandlage, im Norden dagegen das kuppige Tauchaer Endmoränengebiet — und der dazwischen eingebetteten, schwach mit Grundmoräne und Löß verhüllten Naunhofer Schotterebene der pleistozänen Mulde zusammen. Im Gegensatz zum stark industrialisierten benachbarten Bornaer Revier und der Großstadt Leipzig herrscht die agrarische Nutzung vor. Rund 15% der Fläche sind bewaldet.

Die Grundwasserleistung der mittelpleistozänen Muldeschotter wird seit 1887 bzw. 1895 von den Wasserwerken I und II der Stadt Leipzig in Naunhof mit rd. 40000 m³/Tag genutzt.

Die Untersuchungen dienen nicht nur der unmittelbaren Grundlagenforschung (Bemessung weiterer Grundwasserfassungsanlagen), sondern auch der Erarbeitung geeigneter Untersuchungsmethoden und Darstellungsnormen.

[1]) Eingang des Manuskripts in der Redaktion: 20. 2. 1963

Pflanzensoziologische Kartierung des Parthegebiets

ERNST-MANFRED WIEDENROTH, Halle/Saale

Innerhalb der Forschungsaufgabe „Ermittlung der Grundwasserneubildung" fällt auch der Pflanzensoziologie eine bedeutsame Rolle zu. Denn neben der Oberflächengestalt, der Geologie und den Bodenverhältnissen ist es besonders auch die Vegetation, die das Bild der Landschaft bestimmt und einen bedeutsamen Faktor im Landschaftshaushalt, speziell auch im Wasserhaushalt, darstellt.

Definitionen

Eine kurze Definition einiger wichtiger Begriffe sei vorangestellt. Die Pflanzensoziologie ist die Lehre von den Pflanzengesellschaften und ihren Wechselbeziehungen zum Standort. Eine Pflanzengesellschaft ist ein Typus von Pflanzenbeständen, unabhängig von ihrer systematischen Stellung. Ihre Grundeinheit ist die Assoziation. „Die einzelnen Assoziationen unterscheiden sich voneinander durch eine jeweils spezifische charakteristische Artengruppenkombination, deren besondere Eigenart in dem Auftreten bzw. Fehlen bezeichnender ökologischer, arealtypischer oder vegetationsdynamischer Arten oder Artengruppen besteht. Zu der charakteristischen Artengruppenkombination gehören dabei alle Arten, die in jeder Untereinheit der so abgegrenzten Assoziation gleichmäßig vertreten sind, gleichviel ob sie in anderen Gesellschaften auftreten oder nicht" (R. SCHUBERT & E. G. MAHN 1959). Der Standort ist die „Gesamtheit der auf die Entwicklung und das Gedeihen von Pflanzen wirkenden Umweltbedingungen, die am Wuchsort einer bestimmten Pflanze bzw. eines Pflanzenbestandes gegeben sind" (ELLENBERG 1958). Auf die engen Wechselbeziehungen zwischen Pflanzengesellschaft und Standort weist insbesondere ELLENBERG (1958) hin. Aus dem Gesagten ergeben sich die Anwendungsmöglichkeiten der Pflanzensoziologie auf Wasserwirtschaft und Geologie.

Methodik

Nach gründlicher Geländebegehung wurden als homogen erkannte Pflanzenbestände nach der Aufnahmemethode von BRAUN-BLANQUET (1951) erfaßt. Es wurde für jede Art die Artmächtigkeit nach einer siebenteiligen Skala geschätzt (unter Artmächtigkeit verstehen wir eine Kombination von Häufigkeit und Deckung). Die Größe der Aufnahmefläche beträgt bei Acker und Grünland in der Regel 50 m², bei Wald 400 m².

Ähnlich aufgebaute Pflanzenbestände wurden miteinander verglichen und ihre charakteristische Artengruppenkombination vegetationsstatistisch herausgearbeitet. Außer der pflanzensoziologischen Bearbeitung wurde den Bodenuntersuchungen besondere Aufmerksamkeit geschenkt. Für alle Gesellschaften wurden charakteristische Bodenprofile aufgenommen und im Laboratorium untersucht, wobei es besonders darauf ankam, die ganze Variationsbreite der Bodenbildungen unter den einzelnen Gesellschaften zu erfassen. Im Laboratorium wurden Korngrößenanalysen, pH-Untersuchungen und gegebenenfalls Humusbestimmungen durchgeführt.

Die Kartierung wurde auf Grund der im Gebiet erarbeiteten Vegetationsgliederung durchgeführt. Es wurden zunächst fünf Spezialgebiete im Maßstab 1:5000 kartiert, die so ausgewählt wurden, daß alle im Untersuchungsgebiet vorkommenden Landschaftsformen erfaßt wurden. Als Unterlagen dienten die Katasterkarten 1:5000 sowie die Karten der Forsteinrichtung. Das Gelände wurde in etwa 50 m Abstand begangen, und die Vegetationseinheiten wurden sofort in die Feldkarte eingetragen. Die Ackerflächen wurden in der stehenden Frucht kartiert. Bei der Spezialkartierung wurde nur die Vegetation, nicht aber die Geländeform berücksichtigt. Die Spezialkartierung wurde durchgeführt,

1. um eine genaue Kenntnis des Vegetationsmosaiks in den verschiedenen Landschaftsformen zu erhalten,
2. um die erarbeitete Vegetationsgliederung auf ihre praktische Verwendbarkeit zu prüfen,
3. um gegebenenfalls mögliche Vereinfachungen für die Gesamtkartierung zu erproben.

Unter Berücksichtigung der dabei gewonnenen Erkenntnisse wurde das gesamte 366 km² große Einzugsgebiet der Parthe kartiert. Als Unterlage dienten Meßtischblattvergrößerungen im Maßstab 1:10000. Die Vegetationskarte wurde dann auf den endgültigen Maßstab 1:25000 verkleinert. Neben der Vegetation wurde bei dieser Kartierung auch die Geländeform stärker berücksichtigt. Um die Übersichtlichkeit zu wahren bzw. um die Fläche überhaupt bewältigen zu können, mußte bei der Gesamtkartierung 1:25000 etwas generalisiert werden. Die Signatur einer Vegetationseinheit bedeutet hier nicht, daß die Fläche ausschließlich von dieser Vegetationseinheit eingenommen wird, sondern daß sie auf ihr vorherrscht.

Von der Vegetationskarte 1:25000 wurde die „Karte der Versickerungsmöglichkeiten" abgeleitet. Die Versickerungsmöglichkeiten wurden, um keine noch nicht vorhandene Genauigkeit vorzutäuschen, in einer nur fünfteiligen Skala ausgedrückt.

Versickerungsmöglichkeiten: sehr gut
gut
mäßig gut
schlecht
sehr schlecht

Eine derartige Einteilung deckt sich auch weitgehend mit der bei der Wasserstufenkarte üblichen (R. TÜXEN 1954). Für jede Vegetationseinheit wurde die Aussage über die Versickerungsmöglichkeiten nach folgenden Kriterien getroffen:

Pflanzengesellschaften sind Zeiger des von ihnen besiedelten Bodens. Die Böden lassen je nach Bodentyp und Bodenart unterschiedliche Versickerungen zu.

Pflanzengesellschaften sind Zeiger für die Höhe des Grundwassers, soweit dieses im Wurzelraum ansteht oder der Wurzelraum zumindest zeitweise noch von dem Kapillarsaum des Grundwassers erreicht wird. Tiefer liegendes Grundwasser wird von der Vegetation nicht angezeigt. Daraus ergibt sich auch die unterschiedliche Aussagekraft verschiedener Gesellschaften hinsichtlich des Grundwasserstandes je nach ihrer Wurzeltiefe. Wurzeluntersuchungen sind daher notwendig und wurden, wo noch nicht vorhanden, im Rahmen der Untersuchungen durchgeführt, und zwar bei Ackerunkrautgesellschaften.

Pflanzengesellschaften sind Zeiger für stauende Bodenschichten im Wurzelraum, die eine Versickerung erschweren.

Pflanzengesellschaften beeinflussen die oberirdischen Abflußverhältnisse außerordentlich stark. In einem naturnahen Wald z. B. versickert bei gleicher Oberflächengestaltung ein erheblich größerer Teil des Niederschlages als auf einer Weidefläche.

Pflanzengesellschaften sind selbst Wasserverbraucher. Die Kenntnis ihres Wasserbedarfs, teilweise abhängig von der Substanzproduktion, ist notwendig zur Beurteilung des Wasserhaushaltes eines Standortes.

Auf Grund dieser Ergebnisse, die neben der Vegetation weitgehend die Oberflächenformen, die Geologie und die Angaben der landwirtschaftlichen Bodenschätzung bzw. der forstlichen Standortskartierung berücksichtigten, wurde die „Karte der Versickerungsmöglichkeiten" gezeichnet, wobei zugunsten der Übersichtlichkeit noch etwas generalisiert werden mußte.

Der Hauptvorteil pflanzensoziologischer Untersuchungen liegt darin, daß es möglich ist, mit geringem Aufwand in verhältnismäßig kurzer Zeit große Gebiete flächenmäßig zu erfassen. Im Rahmen der durchgeführten Untersuchungen wurden Gesellschaften der drei Hauptvegetationsformationen Wald, Grünland und Acker bearbeitet.

Besonderheiten der pflanzensoziologischen Kartierung

Es soll noch auf einige Unterschiede der pflanzensoziologischen Kartierung gegenüber der geologischen und topographischen Kartierung hingewiesen werden. Die Pflanzengesellschaften befinden sich in stetiger Entwicklung, sowohl hinsichtlich ihrer Zusammensetzung als auch in bezug auf die von ihnen besiedelte Fläche. Insbesondere die Gesellschaften landwirtschaftlich genutzter Flächen werden sehr häufig durch die Bearbeitung so stark verändert, daß die Zuordnung zu ihrer Ausgangsgesellschaft nicht immer erkennbar bleibt. Dazu kommt, daß sich die Grenze zwischen zwei Gesellschaften nur selten genau festlegen läßt, da meist ein ± breiter Übergangssaum vorhanden ist. Aus dem Gesagten ergibt sich eine Reihe von Schwierigkeiten bei der kartographischen Darstellung, die bei der geologischen und topographischen Kartenaufnahme nicht auftreten.

Die pflanzensoziologische Kartierung des Parthegebietes und die von ihr abgeleitete „Karte der Versickerungsmöglichkeiten" stellt einen Beitrag zur Frage der relativen Grundwassererneuerung dar. In bezug auf die zahlreichen anderen Anwendungsmöglichkeiten pflanzensoziologischer Untersuchungen sei auf eine Publikation des Verfassers in den „Mitteilungen des Instituts für Wasserwirtschaft", 14, 1961, verwiesen.

„Häufig wird die Tatsache, daß die Soziologie Gesamtwirkungen erfaßt, nicht aber deren Einzelursachen, als eine Schwäche dieser Disziplin aufgefaßt. Tatsächlich liegt aber hierin gerade die Stärke der Soziologie. Sie leistet das, was keinerlei Meßverfahren leisten kann, nämlich die Synthese, die sichere Aussagen über den Standort erlaubt" (E. KLAPP in der Diskussion auf der Tagung der Zentralstelle für Vegetationskartierung am 22. und 23. Oktober 1953 in Stolzenau).

Hydrogeologische Spezialkartierung des Parthegebiets

HANS-HEINRICH PRETSCHOLD, Halle/Saale

1. Vorbemerkung

Das hydrogeologische Kartenwerk ist eine der Grundlagen für die Ermittlung der Grundwassererneuerung. Gleichzeitig sollen bei der hydrogeologischen Spezialkartierung im Maßstab 1:25000 Erfahrungen in der Kartierungsmethode gesammelt und Darstellungsnormen erarbeitet werden. Grundlage für die Methodik der hydrogeologischen Spezialkartierung ist zur Zeit das hydrogeologische Kartenwerk von Nordrhein-Westfalen (BREDDIN und KARRENBERG). Auf diesen Arbeiten und denjenigen von MICHEL („Hydrogeologie des Weißelsterbeckens", 1960) wird aufgebaut.

2. Die wichtigsten Anforderungen an die hydrogeologische Spezialkarte

Hydrogeologische Anforderungen

Von NÖRING (1949), GRAHMANN (1954 und 1958), BREDDIN (1954 und 1960), KARRENBERG (1958 und 1961) sowie HOPPE (1961a und 1961b) wurden die allgemeinen Grundsätze, die bei der hydrogeologischen Kartierung zu beachten sind, festgelegt. In jeder hydrogeologischen Spezialkarte sollen die Lagerung, die Verbreitung, die petrographische Beschaffenheit sowie die Grundwasserführung einschließlich Hydrochemie der Grundwasserleiter dargestellt werden (KARRENBERG 1961).

Hydrologische Anforderungen

Neben den hydrogeologischen gebührt den rein hydrologischen Grundlagen, wie Grundwasserhöhengleichen, Grundwasserflurabstände, Differenzenkarten und Grundwassernutzungen, besondere Beachtung. Nur wenn eine möglichst vollkommene Synthese zwischen den hydrogeologischen und den hydrologischen Grundlagen bei der Darstellungsmethodik gefunden wird, sind die hydrogeologischen Spezialkarten bei der praktischen Arbeit verwendbar. Insbesondere wird das hydrogeologische Kartenwerk von BREDDIN (1954 und 1960) den Wünschen der Wasserwirtschaftler nach einer anschaulichen Darstellung der Hydrogeologie gerecht.

3. Die Darstellungsmethodik

Während bei der Übersichtskartierung alle hydrogeologischen Kenntnisse in einer oder in zwei Karten zusammengefaßt werden können, ist bei der Spezialkartierung ein umfassendes Kartenwerk erforderlich. In Anlehnung an BREDDIN und KARRENBERG werden für das Parthegebiet folgende sechs Hauptkarten hergestellt:

Die hydrogeologische Profilkarte

Einzelschnitte in 1 bis 2 km Abstand, die etwa im Hauptstreichen der Schichten verlaufen, werden in der Bildebene entsprechend ihrer Lage auf dem Meßtischblatt angeordnet. Damit Einzelheiten im hydrogeologischen Schnitt noch erkennbar sind, werden die Höhen im Maßstab 1:1000 gezeichnet. In den Profilen werden die hydrogeologisch-faziellen Verhältnisse, die hydraulischen Verbindungen der Grundwasserstockwerke sowie die Stratigraphie in schwarzen Zeichen, jedoch die Durchlässigkeit der Gesteine farbig angegeben.

Die hydrogeologische Grundrißkarte

Die Verbreitung der Grundwasserleiter, die petrographischen Faziesgrenzen und die hydraulischen Verbindungen der Grundwasserstockwerke werden in verschiedenen braunen Linien ausgewiesen. Die Sohl- und Dachflächen der Grundwasserleiter werden in Isohypsen mit brauner Farbe entsprechend ihrer Zugehörigkeit zu den Grundwasserstockwerken 1, 2, oder 3 dargestellt. Bei horizontaler Lagerung werden Kreise und Höhenangaben der Sohl- oder Dachflächen verwendet. Die Mächtigkeit der Grundwasserleiter erscheint in 5 bis 6 Farbhelligkeitsstufen, und zwar 0 bis 5 m, 5,1 bis 10 m, 10,1 bis 20 m, 20,1 bis 30,1 m, 30,1 bis 40 m und 40,1 bis 60 m. Die Farben geben gleichzeitig die Durchlässigkeit der Gesteine wieder.

Die hydrogeologische Karte

Sie besteht aus den Isohypsenplänen des Grundwasserspiegels (-druckes) bei hohem und niedrigem Grundwasserstand sowie den zugehörigen Grundwasserflurabständen. Die Linien sind schwarz. Im grauen Farbton wird im Bereich des Grundwasserspiegels eine abgedeckte Karte der Gesteinsarten gezeichnet, deren Durchlässigkeit mit den gleichen Farben wie bei den ersten Kartentypen charakterisiert wird. Alle Wasserfassungsstandorte und Grundwassermeßstellen werden in die Karte eingetragen.

Karte der Einheiten mit weitgehend gleichem Einsickerungsvermögen (der Niederschläge u. a.)

Es werden 5 Abstufungen vorgeschlagen:

sehr gut durchlässig	blaugrün
gut durchlässig	meergrün
mäßig durchlässig	grün
schwach durchlässig	hellgrün
undurchlässig	hellrot

Hydrochemische Karte

In Säulendiagrammen werden alle wichtigen chemischen Bestandteile des Grundwassers punktförmig, jedoch die Grundwasserhärte flächenhaft in Farben angegeben. Bei Grundwasserstockwerken werden Farbschraffen verwendet.

Die Grundwasserhöffigkeitskarte

Bei den hydrogeologischen Übersichtskarten wird die durchschnittliche Brunnenleistung pro Tag bei Brunnen üblicher Bauart und bei erträglicher Grundwasserabsenkung als Maß der Grundwasserhöffigkeit bezeichnet. Es ist selbstverständlich, daß auch das Grundwassereinzugsgebiet und die Möglichkeit zur Grundwasserneubildung bei der Festlegung der hydrogeologischen Einheiten gleicher Grundwasserhöffigkeit mit berücksichtigt werden.

Die Angabe der Ergiebigkeit der hydrogeologischen Einheiten in l s/km² ist in Übersichtskarten und Spezialkarten noch nicht möglich, weil dafür eine gewässerkundliche Kartierung der oberirdischen Grundwasserabflüsse in den Vorflutern und der Quellen in den Trokkenmonaten Voraussetzung ist. Diese Grundlagen können zur Zeit nicht geschaffen werden. Die Grundwasserhöffigkeit soll deshalb vorerst noch auf die Ergiebigkeit von Einzelbrunnen und auf die relative Grundwassererneuerung (s. Karte der relativen Grundwassererneuerung) bezogen werden.

4. Darstellungsnormen

(in Anlehnung an BREDDIN und KARRENBERG)

Die Darstellung der hydrogeologischen Verhältnisse in mehreren Kartenblättern erfordert eine gute Abstimmung der Signaturen und Farben aufeinander. Es wird vorgeschlagen, daß bei der kartenmäßigen Darstellung die Topographie in Graudruck und die geologisch-petrographischen Grundlagen, z. B. tektonische Störungen und die Symbole für die Gesteinsarten, schwarz erscheinen.

Die Signaturen der verschiedenen Gesteinsarten entsprechen im allgemeinen den Richtlinien der DIN 4022, DIN 4023 und DIN 4220. Die Signaturen für die Lockergesteinsarten müssen vor allem die geringen Beimengungen von Schluff und Feinsand bzw. Mittelsand berücksichtigen. Die von BREDDIN (1954) vorgeschlagene Einteilung der Korngrößengruppen wurde deshalb übernommen. Die Farben für die Durchlässigkeit der Gesteine werden in Anlehnung an GRAHMANN (1958) wie folgt gewählt:

sehr gut durchlässig (k-Wert $5 \cdot 10^{-4}$ m/s) sehr gute Ergiebigkeit	blau
gut durchlässig (k-Wert 1 bis $5 \cdot 10^{-4}$ m/s) gute Ergiebigkeit	graublau
mäßig durchlässig (k-Wert 10^{-5} m/s) mäßige Ergiebigkeit	orange
wenig durchlässig (k-Wert 10^{-6} m/s) geringe Ergiebigkeit	rot
undurchlässig (k-Wert 10^{-8} m/s) Grundwasserstauer	violett
grundwasserfreie Gesteine	gelb

Die Zeichen für die Verbreitungsgrenzen der Grundwasserleiter, die ebenfalls zwecks besserer Übersicht farbig angelegt werden, sind nach Grundwasserstockwerken zu ordnen. Zur Kennzeichnung der Grundwasserstockwerke sind Farbabstufungen von ocker bis rotbraun vorgesehen.

5. Die hydrogeologische Kartierungsmethodik

Die hydrogeologische Auswertung von Schichtenverzeichnissen ist eine der Hauptaufgaben. Die meisten Bohrungen im Parthegebiet wurden nicht von Geologen aufgenommen. Die allgemeine Stratigraphie der Schichtenverzeichnisse wurde an Hand älterer wissenschaftlicher Veröffentlichungen, insbesondere nach GRAHMANN (1925), und nach den Erläuterungen zu den Meßtischblättern Brandis, Naunhof, Liebertwolkwitz und

Hydrogeologische Übersicht, Grundwasserleiter des Parthegebiets

Grundwass.-stockwerke		Stratigraphie	Mächtigkeit (m)	Petrographie	Durchlässigkeit k (m/s)	Grundwasserhöffigkeit, spezif. Ergiebigkeit l/s m	Geologische Entstehung (nach GRAHMANN) und lokale Bezeichnung
I	I_H	Holozän	1–2	Mittelsand bis Grobkies	gut (10^{-4})	–	fluviatil, Aueschotter
	I_{RD}	Drenthe	10 bis 20 (bis 40)	Mittelsand u. Mittelkies im Wechsel	gut 10^{-4}	–	Tauchaer Endmoräne (Deckgeschiebesande), glazifluviatil. Sommerfelder Endmoräne, Klingaer Endmoräne, glazifluviatil
	I_{RH}	Drenthe	bis 8 10 bis 25	sandiger Kies und Grobsand	gut 3 bis $5 \cdot 10^{-4}$	– ca. 5 bis 6	Wachauer Endmoräne, Grethener–Grimmaer Geschiebesande (Rückzugsbildungen), glazifluviatil
	I_{RB}	Drenthe	ca. 1	sandiger Kies	gut 10^{-4}	–	Basalschotter (Rückzugsbildungen), glazifluviatil
	I_{RF}	Frühriẞglazial Interglazial	15 bis 25	Grobsand, Feinkies Mittelkies, steinig. Grobkies	sehr gut (gut) $7 \cdot 10^{-4}$ (3 bis 17)	8 bis 15 (Mittelw.) (2 bis 26)	Muldeschotter u. Göselschotter, fluviatil
	I_{FP}	Frühpleistozän	ca. 5 (bis 8)	sandiger Kies	gut bis mäßig 10^{-4} bis 10^{-5}	ca. 0,5 bis 2	Großpösnaer Fluß, Brandis-Polenz-Terrasse, fluviatil
II	II_{Mi}	Miozän	15 5 bis 20	Mittel- bis Feinsand, scharftoniger Sand	mäßig 10^{-5}	ca. 0,1	fluviatil, terrestrisch zwischen Brandis u. Machern südöstlich Leipzig
	II_{OP}	Ober- u. Mitteloligozän	30 bis 50 (60)	toniger Feinsand bis Mittelsand, selten Grobsand	mäßig bis schwach (selten gut) 10^{-5} bis 10^{-6}	ca. 0,1 bis 0,5	obere Meeressande, untere Meeressande } Pödelwitzer Sande (nach MEYER)
	II_{OB1}	Mitteloligozän	10 (bis 15)	kiesiger Mittel- bis Grobsand	gut bis mäßig 10^{-4} bis 10^{-5}	ca. 0,1 bis 2	fluviatile Fazies
	II_{OB2}	Mitteloligozän	10 (bis 20)	Grobsand bis Grobkies	gut 1 bis $5 \cdot 10^{-4}$	ca. 1 bis 5	Belgershainer Schichten oder Thierbacher Schichten (nach MEYER)
III	III_{Ky}	Eozän	4 bis 5 (2 bis 10)	tonige Feinsande	mäßig – schwach 10^{-4} bis 10^{-5}	–	fluviatil, Mittel zwischen Flöz y und Flöz IV
	III_{K4}	Unteroligozän	0 bis 5	tonige Feinsande	schwach 10^{-6}	–	Mittel zwischen Flöz IV und Flöz II sandige Mittel zwischen den 4 Flözen des Weißelsterbeckens gleich G 3 bis G 1 (nach MICHEL 1960)

Leipzig-Ost aufgestellt. Die Unterlagen des VEB Geologische Erkundung Süd und des PKB Kohle Leipzig waren z. T. eine gute Grundlage. In den Gebieten, wo keine hydrogeologischen Daten und geologischen Bohrungen vorhanden waren, wurden Bohrungen zur Klärung der hydrogeologischen und hydrologischen Verhältnisse niedergebracht. Insgesamt wurden bisher 15 Bohrungen im Gebiet Althen—Beucha—Brandis und 24 Bohrungen südlich Belgershain—Lindhardt—Steudtnitz neu abgeteuft. Es wurde damit gleichzeitig ein umfangreiches hydrologisches Sondernetz eingerichtet.

6. Vorläufige Ergebnisse der hydrogeologischen Kartierung des Parthegebiets

Es ist an dieser Stelle nicht möglich, auf die zahlreichen hydrogeologischen, hydrologischen, hydrochemischen und zum Teil auch geologischen Ergebnisse der bisherigen Untersuchungen einzugehen. Es seien deshalb nur die hydrogeologisch wichtigsten kurz angeführt.

Geologische Ergebnisse

Das von EISSMANN (mündliche Mitteilung) vermutete frühriẞglaziale Alter des Grimma—Leipziger Muldelaufes konnte in zahlreichen neuen Bohrungen durch Feuersteinfunde in den tiefsten Schichten belegt werden. Der altpleistozäne Muldelauf hat demnach einen anderen Verlauf, als bisher angenommen. Die frühriß-glazialen Muldeschotter lassen eine deutliche zyklische Sedimentation in drei, z. T. auch vier Abfolgen erkennen. Auf grobe bis steinige, z. T. nur feinkörnige Kiese folgen schwach kiesige Mittel- bis Grobsande, die wiederum von Schluffen z. T. überdeckt werden. Durch Erosionszeiten, vor allem nach jedem Sedimentationszyklus, wurden die mehr oder weniger flächenhaft verbreiteten Schluff- und Tonlinsen sowie z. T. auch die Sande wieder zerstört. Der 1. stark sandige Sedimentationszyklus ist fast ausschließlich in tiefen Rinnen abgelagert worden[1]). Der 2. und 3. zeichnet sich durch sehr grobe blockreiche Schotter und der 4. durch eine markante weit verbreitete Mittel- bis Grobsandlage an der Basis und durch rinnenförmige mächtige Schluffablagerungen[2]) im Hangenden aus.

Die mitteloligozänen Sande und Kiese im Bereich der fluviatilen Fazies zerfallen deutlich in eine durch fette Tone getrennte gröbere Abfolge im Liegenden und eine feinere Abfolge im Hangenden des Tonhorizontes. Der östliche Rand dieser Faziesausbildung konnte näher festgelegt werden.

[1]) Nach vorläufigen pollenanalytischen Untersuchungen der hangenden Schluffe durch ERD (mündliche Mitteilung) ist holsteininterglaziales Alter wahrscheinlich. Dafür sprechen auch die Porphyrzersatzrelikte in der Sandfraktion.

[2]) Nach neueren Untersuchungen sind die stark kalkhaltigen, humosen, tonigen Bänderschluffe und -feinsande wahrscheinlich dem Eem-Interglazial zuzuordnen.

Hydrogeologische Ergebnisse

Es werden im Parthegebiet drei Grundwasserstockwerke unterschieden

1. dasjenige des Pleistozäns und Pliozäns,
2. dasjenige des Miozäns und Oligozäns und
3. dasjenige des Eozäns.

Das dritte Grundwasserstockwerk hat keine Bedeutung. In der Tabelle werden die Grundwasserleiter, und zwar ihre petrographische Ausbildung, Mächtigkeit, Durchlässigkeit und stratigraphische Stellung, kurz charakterisiert.

Die an gestörten Bodenproben der frührißglazialen Muldeschotter ermittelten kf-Werte von 4—5,5 · 10^{-4}m/s stimmen gut mit dem mittleren kf-Wert von 7 · 10^{-4}m/s überein, der mit Hilfe hydrologischer Berechnungen ermittelt wurde. Die mittlere Porosität der gleichen Schotter beträgt für etwa 50 Proben 0,3. Insgesamt wurden bisher etwa 120 Proben bei lockerer und dichter Lagerung auf kf-Wert und Porosität untersucht. Die Korngrößenverhältnisse in diesem wichtigsten Grundwasserleiter wurden ebenfalls weitgehend geklärt.

Hydrologische Ergebnisse

Zur Ergänzung des vorhandenen Grundwassermeßnetzes wurden 110 Meßstellen neueingerichtet. Das Grundwassergefälle im Bereich der rißglazialen Muldeschotter beträgt 1 bis 2‰. Das Grundwassergefälle südlich der Wasserfassung Ost bei Naunhof, das nach A. THIEM (1881) 1,5‰ vor Inbetriebnahme der Fassung betragen hat, wuchs auf 3‰ innerhalb des Absenkungstrichters an. Die Grundwasserfließrichtungen zwischen Naunhof und Althen werden im Grundwasserisohypsenplan deutlich sichtbar.

Die unterirdischen Grundwasserscheiden fallen nicht ganz mit den oberirdischen Wasserscheiden der Parthe zusammen. Es wurden deshalb Spezialuntersuchungen vor allem im Parthe—Gösel-Gebiet zwischen Pomßen und Otterwisch durchgeführt. Zwischen Grethen und Grimma sollen die hydraulischen Beziehungen zwischen Mulde und Parthe noch näher untersucht werden. Die hydraulischen Verhältnisse im 2. Grundwasserstockwerk (Belgershainer Schichten) sind noch weitgehend unklar. Die bisherigen Untersuchungen ergeben, daß die von Süden nach Norden nördlich der Eula in den Belgershainer Schichten fließenden Grundwässer mit dem Grundwasserstockwerk 1 zwischen Köhra und Eicha in hydraulischer Verbindung stehen. Ein westlicher Grundwasserabfluß in das Pleißegebiet ist ebenfalls möglich.

Zusammenfassung

Es wurden die wichtigsten Anforderungen an ein hydrogeologisches Kartenwerk erläutert. Dieses soll aus sechs Hauptkarten bestehen, und zwar der hydrogeologischen Profilkarte, der hydrogeologischen Grundrißkarte, der hydrologischen Karte, der Karte der relativen Grundwassererneuerung (Durchlässigkeit der Deckschichten), der hydrochemischen Karte und der Grundwasserhöffigkeitskarte.

Die DIN-Normen sind die Grundlage für die Darstellung der Gesteine. Die Durchlässigkeit der Grundwasserleiter, deren Mächtigkeit und Verbreitung sowie die Durchlässigkeit der Deckschichten über dem Grundwasserspiegel werden in Farben angegeben.

Im Parthegebiet werden drei Grundwasserstockwerke unterschieden. Der wichtigste Grundwasserleiter sind die frührißglazialen Muldeschotter, die hydrogeologisch bisher am besten untersucht sind. Besondere hydrogeologische Bedeutung haben noch die mitteloligozänen Belgershainer Schichten.

Резюме

Приводятся важнейшие требования к гидрологическим картам. Они должны охватывать шесть главных листов, представленных картой гидрогеологических профилей, картой гидрогеологических основ, гидрологической картой, картой относительного новообразования грунтовых вод (картой водопроницаемости покровных отложений), гидрохимической картой и картой возможной добычи грунтовых вод.

Породы изображаются в соответствии с нормами ДИН. Проницаемость водоносных горизонтов, их мощность и распространение, а также проницаемость покровных отложений над зеркалом грунтовых вод изображаются в красках.

В области р. Парте различаются три водоносных этажа. Важнейшие водоносные горизонты приурочены к аллювиальным галечникам р. Мульде нижнерисского оледенения, наиболее хорошо изученным в гидрогеологическом отношении. Особенное гидрогеологическое значение имеют также Бельгерсхайнские слои среднего олигоцена.

Summary

The most important demands to be satisfied by a hydrological volume of maps are discussed. It is intended to consist of the following six chief maps: hydrogeological profile map, map of relative horizontal-section map, hydrological map, hydrogeological ground-water renewal (permeability of confining beds), hydrochemical map and probably ground-water bearing map.

The representation of rocks is based an German Standard Specifications. The permeability of the aquifers, their thickness and distribution, as well as the permeability of confining beds above the ground-water level are indicated in colours.

In the area of the river Parthe three ground-water storeys are distinguished. The most important aquifer are the early Riss Interglacial trough gravels, which have had the best investigation so far from a hydrogeological point of view. The Middle Oligocene beds of Belgershain are still of a particular hydrogeological importance.

Aufgaben und Meßverfahren zur Ermittlung der Grundwasserneubildung

RÜDIGER SPENGLER, Halle/Saale

Die pflanzensoziologische, hydrogeologische und bodenkundliche Kartierung ermöglicht die Einteilung in Gebiete etwa gleicher Versickerungsmöglichkeit. Fünf der wesentlichsten dieser hydrologischen Einheiten werden mittels Versickerungsmessungen geeicht. Die Grundwasserneubildung wird hier als Durchsickerung zylindrischer Monolithe von 1 m^2 Auffangfläche und 125 cm bzw. 205 cm Höhe, also 1,25 bzw. 2,05 m unter Geländeoberkante, täglich gemessen.

Bau und Wirkungsweise der verwendeten Versickerungsmesser[1]) lassen sich am besten anhand einiger Bilder vom Einbau schildern: Zur seitlichen Begren-

[1]) Diese Bezeichnung wird allgemein der als „nicht wägbare Lysimeter" vorgezogen.

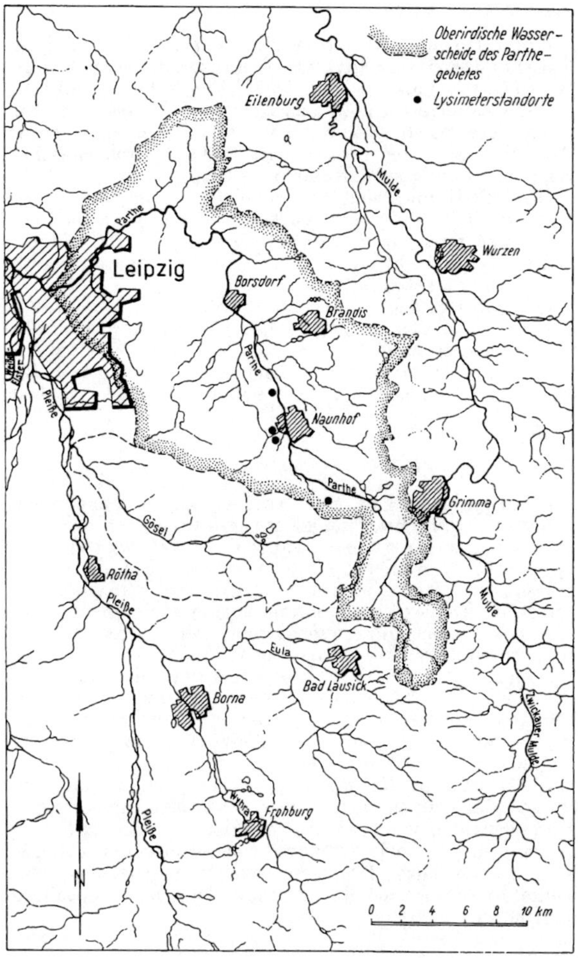

Abb. 1. Übersichtskarte des Parthegebiets

zung der Monolithe dient ein Zylindermantel aus 4- bzw. 6-mm-Stahlblech mit einer Höhe von 1700 bzw. 900 mm und einem Innendurchmesser von 1128 — der einer Auffangfläche von 1 m² entspricht —, dessen unterer Rand zu einer Schneide an der Innenseite leicht angeschrägt ist. Er wird durch zunehmende Belastung (Abb. 1) und seitliches Abgraben — an der Monolithwand mit Messern — senkrecht abgeteuft, bis sich seine Oberkante 35 cm unter Flur befindet. Damit der Stahlzylinder besser über den Erdkern gleitet, wird auf seine Innenseite Mineralfett aufgetragen. Kiese, die sich in der Schnittfläche befinden, werden entnommen und durch kleinkörniges Material ersetzt, so daß das Gefüge auch am Rand des Monolithen nicht gestört wird.

Zur Trennung des Erdkerns von seiner Unterlage wird mittels eines Einschiebrahmens, der an Laschen des Stahlzylinders befestigt und gegen die Baugrube abgesteift wird, eine angeschärfte Bodenplatte mit Handwinden daruntergeschoben (Abb. 2). Nachdem die Bodenplatte mit dem Stahlzylinder verschraubt ist, werden beide miteinander dicht verschweißt. Unter die Bodenplatte, die im Verhältnis 1:11 mit 20-mm-Löchern versehen ist, wird anschließend eine Filterwanne dicht verschraubt (bzw. bei den letzten Geräten geschweißt). In der Wanne befindet sich ein umgekehrtes Filter, dessen oberste Lage dem Material des Monolithentiefsten angeglichen wird; von ihr führt eine Rohrleitung zum Meßschacht, die zur Verhinderung von Kondenswasserbildung durch einen Hahn verschlossen ist.

Die konstruktiven Merkmale der Zylinder gehen auf FRIEDRICH (1958) zurück, die Konstruktion der Ablauforgane stammt von CHARDABELLAS (1960). Der Einbau wird von drei Brunnenbauern der PGH Wasserbau „Hermann Drechsler“, Trebnitz bei Gera, durchgeführt.

Die Wahl des beschriebenen Bautyps läßt sich durch das Abwägen seiner Vor- und Nachteile begründen: Für die Lösung vieler Fragen — wie hier zur Bestimmung der Grundwasserneubildung oder zur Ermittlung der aktuellen Verdunstung längerer Zeitabschnitte — reichen Versickerungsmesser an Stelle der weitaus kostspieligeren Lysimeter vollkommen aus. Der beschriebene Typ hat eine weitgehend definierte Oberfläche, mißt ein ungestörtes Bodenprofil, hat nur unwesentliche künstliche Temperatureinflüsse, da sich die Oberkante des Stahlzylinders 35 cm unter Flur befindet, und damit geringe Randeffekte, die durch die Einfettung der Zylinderinnenwand weiter herabgesetzt sind. Der Monolith kann zusammen mit seinem Umland ungehindert landwirtschaftlich genutzt werden. Damit ist eine normale Durchwurzelung gesichert, und es werden für unsere Kulturlandschaft repräsentative Werte erzielt.

Da nach UHLIG (1954) der Einfluß der Verdunstung nur bis ca. 1,60 m unter Geländeoberkante reicht, sind durch den Stau an der Bodenplatte keine zusätzlichen Verdunstungsverluste zu befürchten (die flachen Versickerungsmesser mit der Bodenplatte 1,25 m unter Flur dienen hauptsächlich zur Lösung dynamischer Fragen, wie Ermittlung der Sickergeschwindigkeit).

Nachteilig ist, daß die Verdunstung nicht in kurzen Zeiträumen gemessen werden kann und im Forst die Versickerung eines „Waldes ohne Bäume“ gemessen wird; der anteilige Transpirationswasserverbrauch, der dem Wurzelraum unter und neben den Versickerungsmessern entnommen wird, muß anderweitig bestimmt werden.

Abb. 2

Abb. 3

Die Unterschiede in der Versickerung von parallel beobachteten Monolithen, die auf die vorwiegend bahnenförmige Versickerung im Wurzelraum zurückzuführen sind, zeigen folgende Werte: Die mittlere Versickerung der Wiese setzt sich aus Einzelsummen von 88% und 112% zusammen. Beim Acker ist die Streuung — wohl auch auf Grund der größeren durch den Einbau bedingten Austrocknung — vorläufig noch höher. Sie reicht für das Winterhalbjahr 1962 von 62 bis 160%.

Im einzelnen wurden folgende Anlagen errichtet (Abb. 1):

1. Ackerland auf Löß- und pseudovergleytem Geschiebelehm über pleistozänem Muldeschotter westlich Naunhof. Eingebaut wurden im Sommer und Herbst 1961 drei tiefe und ein flacher Versickerungsmesser. Es versickerten im hydrologischen Winterhalbjahr 1962 161 mm = 63% vom Niederschlag.

2. Eichen-Hainbuchen-Mischwald auf gleicher geologischer Unterlage und genetisch gleichartigem — aber in den obersten Horizonten wesentlich lockererem — Boden westlich Naunhof. Eingebaut wurden im Herbst und Frühwinter 1961 je ein tiefer und ein flacher Versickerungsmesser. Die Messungen haben im April 1962 begonnen.

3. Wiese in der Partheaue nördl. Naunhof auf vergleytem Auelehm über Schluffen der frührißglazialen Mulde[2]). Eingebaut wurden zwei flache Versickerungsmesser. Es versickerten im hydrologischen Winterhalbjahr 1962 235 mm = 84% vom Niederschlag (der durch Schneeverwehungen um mindestens 40—50 mm erhöht wurde).

Zur Vervollständigung des Meßprogramms werden 1962/63 auf der Geschiebesandhochfläche westlich Pomßen und auf den Sanden im Norden des Parthegebietes noch je eine Station errichtet werden. Gleichzeitig mit den Versickerungsmessungen wird der Witterungsablauf erfaßt. Die flächenhafte Verallgemeinerung der Meßwerte — Karte der mittleren Grundwasserneubildung und ihrer Schwankung, Jahresgang der Grundwasserneubildung und seine Abhängigkeit vom Witterungsablauf u. a. — soll anhand der Betriebsdaten der Leipziger Wasserwerke I und II in Naunhof überprüft werden; Einflüsse der Uferfiltration werden durch zwei Abflußmeßstellen in der Parthe überwacht.

[2]) PRETSCHOLD, H.-H., mündliche Mitteilung

Bei der Auswertung soll besonderes Augenmerk auf die Belange der Wasserbewirtschaftung gelegt werden, sollen Grenz- und Schwellenwerte des Wasserdargebotes in ihrer zeitlichen Verteilung zur Festlegung von Grenzwerten seiner Nutzung in den bestehenden und geplanten Wasserwerken dienen. Als Beitrag zur Wasserhaushaltsforschung soll die Dynamik der Grundwasserneubildung durch die Beobachtung der beteiligten Faktoren verfolgt und die Pufferstellung des Bodenwasserhaushaltes zwischen kosmischem Wasserhaushalt und Grundwasserhaushalt untersucht werden.

Zusammenfassung

Die vielfältigen Verfahren zur Ermittlung des Grundwasserdargebotes werden auf ein durch die Wasserversorgung weitgehend erschlossenes Beispielsgebiet angewandt und sollen dabei auf die Brauchbarkeit für großräumige Untersuchungen überprüft werden. Insbesondere sollen durch die pflanzensoziologische, die bodenkundliche und die hydrogeologische Kartierung Gebiete etwa gleicher Grundwasserneubildung ermittelt werden.

Die angewendete Methodik der pflanzensoziologischen Kartierung wird erläutert. Es wird die Methodik der Aufnahmen dargestellt und auf die Zusammenhänge zwischen Pflanzendecke und Grundwasserneubildung hingewiesen.

Die hydrogeologische Kartierung erfordert die Aufstellung von Darstellungsnormen für den Maßstab 1:25000 und die Schaffung einer hydrogeologischen Kartierungsmethode für den mitteldeutschen Raum. Nach Erläuterung der angewendeten Normen und Methoden wurden die geologischen und hydrogeologischen Ergebnisse der bisherigen Untersuchungen mitgeteilt.

Fünf der ausgeschiedenen Gebiete werden mittels Versickerungsmessungen an Monolithen von 1 m² Auffangfläche bei gleichzeitiger Erfassung des Witterungsablaufes geeicht. Zur flächenmäßigen Verallgemeinerung der Meßwerte sollen u. a. auch Betriebsdaten von Wasserwerken herangezogen werden.

Die Arbeiten sollen zur Klärung der Beziehungen zwischen kosmischem und Grundwasserhaushalt beitragen und eine optimale Wasserbewirtschaftung im Parthegebiet ermöglichen.

Резюме

В выбранной области, хорошо вскрытой водозаборными сооружениями, применялись разные методы определения производственных запасов подземных вод, чтобы проверить их пригодность для региональных исследований. В частности привлекалось картирование растительных ассоциаций и почв и гидрогеологическое картирование, с целью выделения одинаковых по условиям новообразования грунтовых вод областей.

Объясняется применяемая методика картирования растительных ассоциаций. Излагается методика съемки и указываются связи между растительным покровом и условиями новообразования грунтовых вод.

Гидрогеологическое картирование нуждается в составлении норм изображения для карт масштаба 1:25000 и в разработке методики гидрогеологического картирования для Средней Германии. Объяснив применяемые нормы и методы, автор сообщает геологические и гидрогеологические результаты проведенных исследований.

Пять из выделенных областей эталонируются посредством замера инфильтрации в монолитах с водосборной площадью в 1 м², при одновременном учете климатических процессов. Для площадного обобщения результатов надо м. пр. еще привлекать эксплуатационные данные водозаборов.

Работы должны способствовать выяснению связей между космическим режимом и балансом грунтовых вод и сделать возможной оптимальную эксплуатацию грунтовых вод в области р. Парте.

Summary

The manifold methods for the determination of the groundwater offer are applied to an area exemplary of being extensively opened by the water supply. They are intended for an examination with reference to their suitability in large-area investigations. Plant-sociological, pedological and hydrogeological mapping in particular will help to determine areas of approximately equal new ground water.

The technique applied to plant-sociological mapping is discussed and includes the drawing technique as well as an account of the relationship between the covering of plants and the formation of new ground water.

Hydrogeological mapping requires the establishment of representation standards for the scale of 1:25000 and the availability of a hydrogeological mapping method for the Central German area. After discussing the standards and methods used in mapping operations, geological and hydrogeological results hitherto obtained in the investigations are given.

Five of the areas eliminated are tested by means of infiltration measurements of monoliths with a receiving area of 1 square meter, with simultaneous determination of the atmospheric conditions. Operating data from waterworks will be included in the generalization of area test values.

The article will contribute to the explanation of relations existing between the cosmic and ground-water resources, and will enable an optimum water economy in the area of the river Parthe.

Literatur

BRAUN-BLANQUET, J.: Pflanzensoziologie. – Wien 1951.

BREDDIN, H.: Ein neuartiges hydrogeologisches Kartenwerk für die südliche Niederrheinische Bucht. – Z. deutsch. geol. Ges., Bd. 106, 1954, Hannover 1956.

BREDDIN, H., A. KEIL & H. DIELER: Das neue hydrogeologische Kartenwerk der Wasserwirtschaftsverwaltung von Nordrhein-Westfalen. – Deutsche gewässerkundliche Mitteilungen, Sonderheft 1960, Koblenz.

CHARDABELLAS, P.: Versickerungsmesser (nach Dr. W. FRIEDRICH), geänderter Entwurf. – Unveröff. Zeichnungen vom Januar 1960.

ELLENBERG, H.: Über die Beziehungen zwischen Pflanzengesellschaft, Standort, Bodenprofil und Bodentyp. – Angewandte Pflanzensoziologie, 15, Stolzenau (Weser) 1958.

FRIEDRICH, W.: Beschreibung der Konstruktion und des Einbaues eines Versickerungsmessers in gewachsenem Boden (Lysimeter). – Masch.-schr. der Bundesanstalt für Gewässerkunde, Koblenz, Nov. 1958.

GRAHMANN, R.: Diluvium und Pliozän in Nordwestsachsen. – Abh. der Math.-Physik. Klasse Sächs. Akad. Wiss., Band 39, Leipzig 1925.

– Die Grundwasservorkommen im Gebiete der Deutschen Bundesrepublik, ihre Nutzung und ihre kartographische Darstellung. – U. G. G. J. Assemblée générale de Rome, 1954, tome III; Publication Nr. 37 de l'Association Internationale d'Hydrologie scientifique.

– Die Grundwässer in der Bundesrepublik Deutschland und ihre Nutzung. – Remagen 1958.

HOPPE, W.: Hydrogeologische Karten des Thüringer Beckens. – Wiss. Zeitschrift der Hochschule für Architektur und Bauwesen Weimar, VIII. Jg., 1961[a], H. 1.

– Hydrogeologische Karten des Weißelsterbeckens. – Architektur und Bauwesen Weimar, VIII. Jg., 1961[b], Heft 2.

HRABOWSKI, K.: Zur Methodik der hydrogeologischen Spezialkartierung im Flachland. – Z. angew. Geol., 3, Berlin 1957.

HRABOWSKI, K., E. FITZNER & W. GÜRGENS: Die hydrogeologische Spezialkartierung (1:25000), dargestellt am Beispiel des Meßtischblattes Senftenberg. – Wasserwirtschaft – Wassertechnik, 8. Jg., 1958.

KARRENBERG, H.: Die hydrogeologischen Kartenwerke des Geologischen Landesamtes Nordrhein-Westfalen. – Z. deutsch. geol. Ges., 113, Hannover 1961.

NÖRING, F.: Grundsätzliches betreffend hydrogeologische Karten. – Z. deutsch. geol. Ges., 101, Hannover 1949.

PRETSCHOLD, H.-H.: Geohydrologische Untersuchungen im Raume Althen – Zweenfurth – Beucha und Brandis. – Abschluß- und Ergebnisbericht WWD Saale – Weiße Elster, Halle 1961.

SCHUBERT, R. & E. G. MAHN: Vegetationskundliche Untersuchungen in der mitteldeutschen Ackerlandschaft, I. Die Pflanzengesellschaften der Gemarkung Friedeburg/Saale. – Wiss. Zeitschrift der Martin-Luther-Universität Halle, Naturwiss. Reihe, 1959.

SPENGLER, R.: Wasserhaushalt und Wasserwirtschaft im Parthegebiet. – Wiss. Zeitschrift der Karl-Marx-Univ. Leipzig, Math.-Nat.-Reihe, 1963, H. 1.

TÜXEN, R.: Pflanzengesellschaften u. Grundwasserganglinien. – Angew. Pflanzensoz. Stolzenau/Weser, 8, 1954.

UHLIG, S.: Berechnung der Verdunstung aus klimat. Daten. – Mitt. d. Dt. Wetterdienstes, Nr. 6, Bad Kissingen 1954.

WIEDENROTH, E.-M.: Pflanzensoziologische Kartierung des Einzugsgebietes der Parthe und ihre Auswertung in bezug auf die relative Grundwassererneuerung. – Forschungsbericht.

Geologisch-lagerstättenkundliche Ergebnisse aus dem Raum der östlichen Lausitz[1]

HORST RADTKE, Berlin

Einleitung

Im Zuge der planmäßigen Entwicklung der Volkswirtschaft der Deutschen Demokratischen Republik wurden in den letzten Jahren durch die Braunkohlenindustrie eine größere Anzahl von Trocken- und mehrere Spülkernbohrungen im Raum der Kohlenfelder südlich des Lausitzer Grenzwalles ins Liegende des 2. Lausitzer Flözhorizontes und zum Teil bis ins prätertiäre Gebirge niedergebracht. Bei der komplexen geologisch-lagerstättenkundlichen Auswertung der Ergebnisse dieser Bohrungen im VEB PKB „Kohle", Berlin, konnten für den Bereich der Trebendorfer Hochfläche und Teile des Wrocław—Magdeburger Urstromtales eine Reihe neuer Ergebnisse gewonnen werden, die im folgenden auszugsweise mitgeteilt werden.

Die Trebendorfer Hochfläche

Das landschaftlich reizvolle Gebiet der Aufpressungs- und Aufschüttungsendmoräne des Muskauer Faltenbogens gilt seit Jahrzehnten nicht nur als beliebte Ausflugs- und Erholungsgegend, sondern erregte auch durch den dort umgehenden Bergbau Aufmerksamkeit. Derzeitig werden die zum Teil oberflächennahen, im Bereich der südlich des Muskauer Faltenbogens gelegenen Sanderfläche vorhandenen Braunkohlenvorkommen im Tagebau „Frieden" abgebaut. Abgesehen von der bewegten Morphologie des Faltenbogens fand sich besonders in den zahlreichen, durch bergmännische Arbeiten geschaffenen künstlichen Aufschlüssen ein reiches Betätigungsfeld für den Geologen. So ist es nicht verwunderlich, daß der Faltenbogen in der Literatur einen breiten Raum einnimmt. Das südlich hieran an-

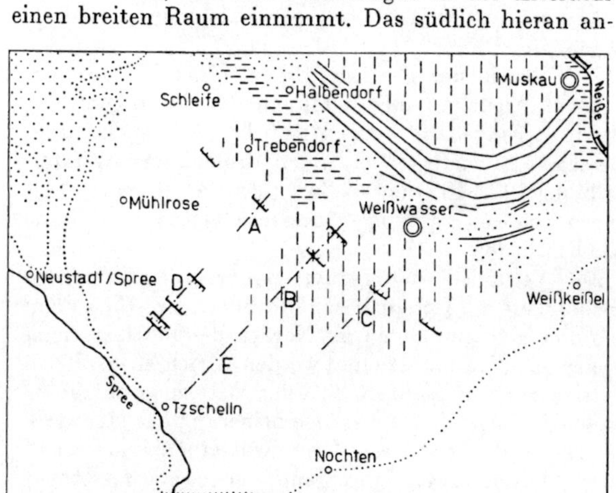

Abb. 1. Lageplan

1 – Ablagerungen des Holozäns; 2 – Endmoräne des Muskauer Faltenbogens; 3 – Hochflächen; 4 – Sanderflächen; 5 – Talsedimente; 6 – Lage der Schichtenschnitte A–E; 7 – Graben von Weißwasser und Brucherscheinungen von Mühlrose (nur Schichtenschnitt D); 8 – Begrenzung der Ausräumungszone zu den Kohlenfeldern Nochten und Weißwasser-Süd

[1]) Eingang des Manuskripts in der Redaktion: 10. 1. 1963

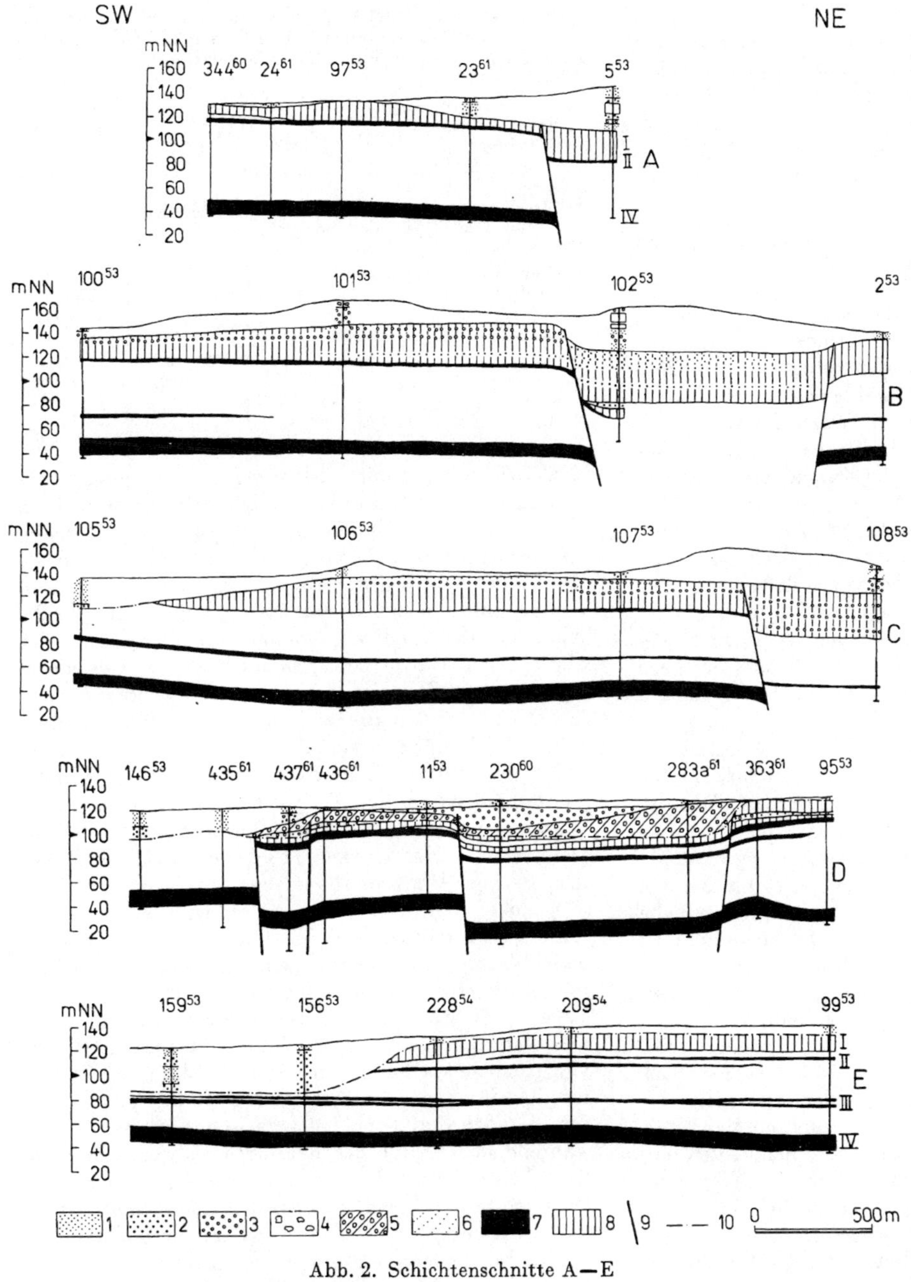

Abb. 2. Schichtenschnitte A—E

Zeichenerklärung für die Abb. 2

1 — Fein- und Mittelsand; 2 — Grobsand; 3 — Fein- bis Grobkies; 4 — Gerölle; 5 — Geschiebemergel; 6 — Schluff, allgem.; 7 — Braunkohle; 8 — Ton; 9 — Störung; 10 — Unterkante des Pleistozäns, nur südlich der Verbreitung des Flaschentonhorizontes dargestellt. I — Flaschentonhorizont; II — 1. Lausitzer Flözhorizont (Oberflöz); III — Oberbegleiter; IV — 2. Lausitzer Flözhorizont (Unterflöz)

schließende Gebiet dagegen unterlag bisher einer weniger intensiven Bearbeitung.

Im Gegensatz zu der bis zu 180 m mächtigen pleistozänen Schichtenfolge im präelstereiszeitlich angelegten Bahrener (Zungen-)Becken im Hinterland des Muskauer Faltenbogens (H. RADTKE 1961) wird das Tertiär auf der unmittelbar südlich des Faltenbogens gelegenen Trebendorfer Hochfläche nur von geringmächtigen Sedimenten eiszeitlichen Alters überdeckt. Teilweise fehlen sie fast völlig. Nach K. GENIESER (1958) ist das „gesamte über der 160-m-Höhenlinie liegende Gebiet der Hochfläche" von Kiesen des „früh-mindel?-vortektonischen" Bautzener Elbelaufes bedeckt, die am Schweren Berg bei Weißwasser aufgeschlossen sind. Während K. GENIESER eine westliche Fließrichtung des altpleistozänen Elbelaufes angibt, konnte im genannten Aufschluß bei erneut durchgeführten Schüttungsmessungen in Übereinstimmung mit A. G. CEPEK (1958) eine nordnordöstliche Schüttungsrichtung ermittelt werden. Die Elbekiese zeigen im erwähnten Aufschluß keinerlei Anzeichen glazigener Schub- und Druckbeanspruchung.

Die Lagerungsverhältnisse des auf der gesamten Hochfläche verbreiteten hellen Tonhorizontes des oberen Teiles der Raunoer Schichten[2]) (Flaschenton) stellt zuerst R. CRAMER (1928) als großräumige Aufsattelung mit geringer Amplitude dar. Neue Profilkonstruktionen bestätigen die Angaben und vermitteln gleichzeitig einen Einblick in die Ursachen der Lagerungsform: Reaktivierung saxonischer Störungszonen, hier im Zusammenhang mit der von F. KÖLBEL (1958) beschriebenen Struktur von Mulkwitz, die zu einfacher Bruchtektonik führte. Gleichzeitig konnte nachgewiesen werden, daß die Braunkohlenfelder Nochten und Weißwasser-Süd nicht durch eine Ausräumungszone, sondern durch einen Grabenbruch getrennt werden (Abb. 1). Das bedeutet das Vorhandensein mehrerer Millionen Tonnen Rohbraunkohle, die es näher zu erkunden gilt. Hierbei wird auch die Art der Flözabsenkung näher bestimmt werden können. Die Senkungen des 2. Lausitzer Flözhorizontes betragen in dem herzynisch streichenden Graben von Weißwasser bis zu 35 m, einem Wert, wie er auch bei den übrigen, mehrfach in der Lausitz bekannt gewordenen gleichartigen Störungen (H. AHRENS & D. LOTSCH 1960, bei G. VIETE 1961a und 1961b, H. RADTKE 1961, 1962 bisher unveröffentlicht) ge-

---

[2]) Gliederung des Tertiärs nach W. KRUTZSCH & D. LOTSCH (1960)

messen wurde. Die Ränder der Horstscholle sind sowohl nach dem Graben von Weißwasser als auch nach den Brucherscheinungen bei Mühlrose hin schwach geneigt. Geringe Verbiegungen des 2. Lausitzer Flözhorizontes lassen sich bis in den Flaschentonhorizont verfolgen. Gleichzeitig finden die hierzu von G. VIETE (1962) aufgeworfenen Fragen ihre Beantwortung.

Zur Basis der Talsedimente und des Pleistozäns im Wrocław—Magdeburger Urstromtal

Bei der Erörterung der Entwicklung des Wrocław—Magdeburger Urstromtales (im folgenden Lausitzer Urstromtal genannt) erwägt K. ELZE (1932) die Möglichkeit, daß der Talzug bereits während der ersten Zwischeneiszeit dem Abfluß nach Westen dienstbar war. O. HELPAP (1935) nennt für die Benutzung dieses Talzuges als Urstrom die Wässer der Primkenauer—Kotzenauer Randlage (VR Polen). Auf eine präwarthestadiale Anlage des Tales weist auch A. HULTZSCH (1959) hin. G. VIETE (1960) räumt einerseits die Möglichkeit ein, daß das Tal schon den Schmelzwässern der Elstereiszeit diente bzw. von ihnen angelegt wurde, fordert aber andererseits — falls die Talentstehung erst in die Saalezeit fällt — hierfür eine tektonische Anlage im Zuge posthumer Bewegungen im Bereich des Lausitzer Hauptabbruches.

Im Kohlenfeld Nochten kann für den Nordteil des Lausitzer Urstromtales eine tektonische Mitwirkung bei der Talausgestaltung nachgewiesen werden. Der im Hangenden des hellen Tonhorizontes lagernde Geschiebemergel, der wahrscheinlich der Saalevereisung im engeren Sinne zugeordnet werden kann, weist im Bereich der Brucherscheinungen bei Mühlrose unterschiedliche Mächtigkeiten auf: Sie sind an der tiefer abgesunkenen Südwestseite geringer als an der höher gelegenen Nordostseite (Abb. 2). Die Mächtigkeiten der im Hangenden auftretenden Schmelzwasserkiese verhalten sich zu denen des Geschiebemergels umgekehrt proportional. Die Senkungserscheinungen lebten somit während der Abschmelzperiode des Warthe- oder Saaleeises im engeren Sinne (eine genauere Einstufung muß zur Zeit noch unterbleiben) nochmals auf und ermöglichten den hier nach Westen abfließenden Schmelzwässern die rinnenförmige Erosion des Geschiebemergels bzw. eine seitliche, „steil" ansteigende Begrenzung der Pleistozänbasis am Nordrand des Urstromtales. Postwarthestadiale Absenkungen wurden nicht mehr beobachtet.

Die südöstliche Fortsetzung der bei Mühlrose staffelförmig angeordneten Abbrüche läßt sich durch schwachwellige Schichtenverbiegungen mit großer Wellenlänge und geringer Amplitude belegen. Aus dem Muldentiefsten steigt hier die Pleistozänbasis sehr schnell um 40 m, d. h. vom Hangenden des sogenannten Oberbegleiters (Zwischenflöz nach W. MEHNER 1960) bis zur Oberkante von Erosionsresten des Flaschentonhorizontes, an.

Die Basis der warthestadialen Talsedimente wird in den meisten Fällen von tertiären Schichten oder Geschiebemergel gebildet. Häufig wird das Tertiär bzw. der Geschiebemergel von einer Geröllschicht überlagert, die ein Aufarbeitungsprodukt des Mergels darstellt. Aus zahlreichen Bohrungen wurden Grobkiese und gröbere Komponenten mit „tonigen" Beimengungen aus den

Tab. Durchschnittliche Höhenlage der Pleistozänbasis, der Oberkante des Interstadials und der Talsandoberkante in den einzelnen Braunkohlenfeldern (Höhenangaben in m NN)

Kohlenfeld bzw. Teilfeld	Pleistozänbasis	Interstadial	Talsand-oberkante
Pechern	80–100	122–123	132
Reichwalde-Nord	90–95	128	134–136
Nochten-Süd	85	118–119	125
Bärwalde-Nord	95–100	121–123	127–128
Ortschaft Boxberg	Ausräumungszone	123–126	129–130
Glückauf III/IV	81–85	119	123–125
Burghammer	80–85	112	118–119
Bluno	80	105–107	111–113
Skado	–	103–104	106–108
Koschen	70–80	103	107–108
Sedlitz	85	101	106

entsprechenden Teufen bekannt, die als nicht vollständig ausgewaschener Geschiebemergel zu betrachten sind. Einzigartig aufgeschlossen war der Übergang Geröllsohle—Geschiebemergel am schwenkenden Ende des Tagebaues Koschen (August 1962): Anreicherungen von in Talsand eingebetteten Geröllen — allmähliche Abnahme der sandigen Komponenten zugunsten des abgespülten Geschiebemergelmaterials — Geschiebemergel. Letzterer wies auch in seinen oberen Partien (ca. 0,5 m) Anreicherungen von Geschieben auf. Selbstverständlich können Gerölle in solchen Gebieten, in denen das bindige Material des Mergels vollständig weggespült ist, durch die glazifluviatilen Wässer über geringe Entfernung transportiert worden sein, ein Vorgang, den M. HANNEMANN (1961) an Geröllsohlen aus dem Berliner Urstromtal analysiert hat.

Verfolgt man die tiefsten Stellen der Pleistozänbasis (ohne Ausräumungszonen) im Urstromtal von der Neiße nach Westen bis ungefähr nach Senftenberg, so findet man im Bereich der einzelnen Kohlenfelder die aus der Tabelle ersichtlichen Werte (Durchschnittswerte). Diese Übersicht führt zu der Feststellung, daß auf einer Länge von rund 60 km kaum ein Gefälle besteht. Als Erklärung hierfür sind hauptsächlich die von der Verbreitung des Inlandeises abhängigen eustatischen Schwankungen während der Anlage der Erosionsbasis heranzuziehen. Entscheidend ist jedoch, daß über die genannte Entfernung hinweg eine oft mehrere Kilometer breite Rinne mit einer kaum gegliederten Basis existiert, wie sie nur durch die Erosion fließender Wässer geschaffen sein kann. Es ist sehr wahrscheinlich, daß der im Urstromtal, z. B. im Bereich der Kohlenfelder Skado, Glückauf III, Bärwalde und Nochten im Liegenden der warthestadialen Talsedimente vorhandene Geschiebemergel bzw. dessen Erosionsreste der Saalevereisung im engeren Sinne zugeordnet werden können, zumal diese vereinzelt von glazifluviatilen Sanden und Kiesen unterlagert werden. Würde besagter Geschiebemergel in das Elsterglazial eingestuft, müßten dessen liegende Kiese und Sande zur Abschmelzperiode einer älteren Vereisung gerechnet werden, wofür jedoch keinerlei Anhaltspunkte vorhanden sind.

Interstadiale Ablagerungen

Torf- und Faulschlammablagerungen sowie die in ihnen enthaltene Flora und Fauna aus dem ehemaligen Tagebau „Marga" bei Senftenberg beschreiben K. KEIL-

HACK (1927/28) und F. FIRBAS & R. GRAHMANN (1928). K. ELZE (1932, S. 29) erwähnt auf Blatt Lohsa (4652) in einer Teufe von mehr als 5 m „zusammenhängende Massen von tonig-kiesigen“ Sanden, die als Hinweis auf das Interstadial anzusehen sind, zumal Elze überwiegend die Ergebnisse von Handspülbohrungen zur Verfügung standen. Aus dem Raum Rothenburg/OL. wurden durch D. STEDING (1962) interstadiale Ablagerungen unter bis zu 12 m mächtigen warthestadialen Talsanden bekannt (Horka-Interstadial). D. STEDING ist im Zusammenhang mit der Diskussion systematischer Fragen geneigt, das Horka- mit dem Gerdau-Interstadial zu vergleichen, betont aber, daß eine derartige Parallelisierung noch unsicher ist; auf Grund der Lagerungsverhältnisse im Raum Horka—Rothenburg/OL. würde sich ergeben, „daß das Gerdau-Interstadial nach der Lamstädter Phase folgte“.

Nach der Auswertung von mehreren Trocken- und einigen Spülkernbohrungen mit geophysikalischer Bohrlochmessung konnten gleichartige Ablagerungen im gesamten Raum des Lausitzer Urstromtales von Senftenberg bis zur Neiße (Kohlenfeld Pechern) nachgewiesen werden. Inwieweit sich dieser Horizont über das Arbeitsgebiet hinaus nach Westen und Osten ausdehnt, kann im Rahmen des vorliegenden Aufsatzes nicht gesagt werden.

Östlich Senftenberg setzen sich die interstadialen Ablagerungen aus mehreren (bis zu vier) Lagen zusammen, von denen jedoch oft nur eine erhalten ist. Der petrographische Bestand dieses Horizontes ist unterschiedlich; es wurden Schluffe und Tone, teilweise Pflanzenhäcksel führend, sowie Torf und Mudde angetroffen. Die im Tagebau Glückauf III auftretenden, bis zu 10 cm mächtigen Anreicherungen von Sumpferz wirken sich für den Abraumbetrieb erschwerend aus. Die Gesamtmächtigkeit des Interstadialhorizontes einschließlich der die bindigen und Torflagen trennenden Feinsande beträgt z. B. am schwenkenden Ende des genannten Tagebaues unmittelbar südlich des alten Reichsbahnkörpers 1,5 m. Aus Bohrungen bei Boxberg (A. MERTEN 1962, unveröffentlicht) und dem Nordteil des Kohlenfeldes Bärwalde sind sogar mehrere Meter zu nennen. Die durchschnittliche Höhenlage des Interstadials, bezogen auf dessen angetroffene oberste Bank in m NN, zeigt die Tabelle. In Baugruben im Raum des künftigen Kraftwerks Boxberg wurden die oberen Lagen unter 5,5 m mächtigem Feinsand erschürft, am Südwestrand des Feldes Nochten fielen sie der Erosion der Spree zum Opfer.

Zwei freundlicherweise von Herrn K. ERD (ZGI), pollenanalytisch untersuchte Proben aus dem Südteil des Feldes Bärwalde, entnommen aus einer der unteren Lagen des hier nicht vollständig erhaltenen Horizontes, enthielten überwiegend umgelagertes Tertiärmaterial, sichere Quartärformen fehlen. Die Untersuchung weiterer Proben ist noch nicht abgeschlossen.

Besteht nun zwischen dem Horka-Interstadial D. STEDINGS und den vom Verf. geschilderten Ablagerungen zwischen Senftenberg und Pechern (Neiße) ein Zusammenhang, was nach den erwähnten Lagerungsverhältnissen wahrscheinlich ist, so ergäbe sich unter Berücksichtigung der Stellung der Lamstädter Phase nach STEDING, daß die warthestadialen Talsedimente über größere Flächen hinweg Mächtigkeiten von 4 bis 6 m erreichen und überwiegend aus Komponenten der Fein- und Mittelsandfraktion bestehen.

Die Mächtigkeiten der Talsedimente über dem Interstadial wachsen dort rapide an, wo von diesem nur die unterste Bank erhalten ist und gefunden werden konnte; sie erreichen in solchen Fällen besonders östlich der Spree Werte von 10 m und mehr. Hierbei wird die Tonschicht des öfteren direkt von Kiessanden überlagert (z. B. Südteil des Feldes Bärwalde). Mehrmals ließ sich innerhalb der Talsedimente eine rhythmische Sedimentationsfolge ermitteln, wobei der obere Zyklus $\pm$ im Niveau des Interstadialhorizontes beginnt. Wie aus der Tabelle hervorgeht, nimmt die Mächtigkeit der Talsande allgemein von West nach Ost im Hangenden des Interstadials kontinuierlich um wenige Meter zu, was bei dem nach Westen gerichteten Abfluß der Schmelzwässer den normalen Bedingungen entspricht.

Im Zusammenhang mit der Stratigraphie der Spreeterrassen stufen F. FIRBAS & R. GRAHMANN die von ihnen untersuchten Torflager, die auf Grund ihrer Lagerungsverhältnisse mit den bisher beschriebenen bindigen Lagen und Torfschichten parallelisiert werden können, in das Ausklingen des Warthe-Vorstoßes ein und weisen einen Klimarhythmus zu dieser Zeit nach. Gleichzeitig wird festgestellt, daß die Auffüllung des Urstromtales nach dem Höhepunkt des Warthe-Vorstoßes „hauptsächlich in Form von Feinsanden noch eine Zeitlang fortdauerte“. Die Gültigkeit dieser Feststellung bezüglich der Überlagerung der Schluff-Torf-Schichten durch Komponenten der Fein- und Mittelsandfabrikation kann nach dem bisherigen Stand der Arbeiten auf größere Teile des östlich Senftenberg gelegenen Talgebietes übertragen werden. In diesen hangenden Fein- und Mittelsanden setzt sich der floristisch nachgewiesene Klimarhythmus fort: Kryoturbationen sind in Aufschlüssen bis ca. 2 m unter der Grasnarbe zu verfolgen. Schwach kryogen beeinflußte, vereinzelt kreuzgeschichtete Sande wechsellagern zum Teil mit solchen, in denen die taschenförmige Ausbildung besonders eindrucksvoll ist; Eiskeile bis zu 3 m Länge sind zu beobachten.

Zusammenfassung

Aus den Lagerungsverhältnissen im Bereich der Trebendorfer Hochfläche und Teilen des Wrocław—Magdeburger Urstromtales wird unter Auswertung von Trocken- und einigen Spülkernbohrungen, die im Raum der Kohlenfelder südlich des Lausitzer Grenzwalles zum Teil bis ins prätertiäre Gebirge niedergebracht wurden, der Schluß gezogen, daß das Lausitzer Urstromtal bereits den Wassermassen des abtauenden Elstereises als Abfluß zur Verfügung stand. Die weitere Ausgestaltung des Tales erfolgte sowohl durch das Eis der Saalezeit im engeren Sinne als auch durch dessen Schmelzwässer sowie durch die des Warthe-Vorstoßes. An der Ausgestaltung waren in der nördlichen Hälfte bruchtektonische Vorgänge und Verbiegungen des prätertiären Untergrundes beteiligt. Hiervon zeugt der „steile“ Anstieg der Pleistozänbasis im Tal im Raum des Kohlenfeldes Nochten im Gegensatz zu derem allmählichem Anstieg im Süden (z. B. Kohlenfeld Reichwalde). Die warthestadialen Talsedimente stellen anteilmäßig die größten Mächtigkeiten des Pleistozäns im Urstromtal dar. Der in ihren oberen Partien zwischen Senftenberg und dem Kohlenfeld Pechern nachgewiesene Interstadialhorizont gestattet es, die von F. FIRBAS & R. GRAHMANN (1928) gewonnenen stratigraphischen Ergebnisse von der Typuslokalität nach Osten bis zur Neiße zu übertragen.

Резюме

Использованием результатов сухих и нескольких колонковых скважин с промывкой, пробуренных в районе угольных площадей южнее Лужицкого пограничного вала отчасти до дотретичных горных пород, из условий залегания пород в районе Требендорфского плоскогорья и участков Вроцлавско—Магдебургской древней долины делается вывод, что массы вод тающего Эльстерского льда уже использовали Лужицкую древнюю долину в качестве пути стока. Дальнейшее формирование долины совершалось как под воздействием льда Заалеского времени в узком смысле, так и тающих вод этого льда, а также тающих вод Вартаского наступания. В северной половине участвовали процессы разрывной тектоники и изгибы дотретичного основания в формировании долины. Об этом свидетельствует „крутой" подъем основания плейстоцена в долине района угольной площади Нохтен, в отличие от его интенсивного подъема на юге (напр. в угольной площади Рейхвальде). Долинные осадки Вартаской стадии по их количеству составляют крупнейшие мощности плейстоцена в древней долине. Выявленный в их верхних участках между Зенфтенберг и Пехернской угольной площадью межстадиальный горизонт позволяет распространение полученных Ф. Фирбасом и Р. Грахманом (1928) стратиграфических результатов от типовой местности на восток до реки Нейссе.

Summary

By evaluating of dry and sume wet core borings partly sunk in the area of the coalfields south of the Lusatian frontier-wall as far as the pre-Tertiary mountain range, it is concluded from the mutual relations in the area of the Trebendorf plateau and parts of the Wrocław—Magdeburg ice-marginal valley that the valley was already used as an outflow by the water masses of the melting Elster ice. The further shaping of the valley was caused by both the ice of the Saale glacial epoch in the narrower sense and its melt waters, as well as by those of the Warthe push. In the northern half processes fracture and deformations of the pre-Tertiary subsoil took part in the shaping of the valley, as is shown by the „steep" rise of the Pleistocene basis in the valley in the coalfield area of Nochten, unlike its gradual rise in the south (for example in the coalfield of Reichwalde). The proportionally largest thicknesses of the Pleistocene in the ice-marginal valley are presented by the Warthe stadial valley sediments. The interstadial horizon shown in their upper parts between Senftenberg and the coalfield of Pechern permits the transfer of stratigraphic results obtained by F. FIRBAS & R. GRAHMANN (1928) in an eastward direction from the type locality as far as the river Neisse.

Literatur

AHRENS, H. & D. LOTSCH: Tektonische Bewegungen im Tertiär Ost- und Südbrandenburgs. — Vortrag, gehalten auf der 7. Jahrestag. d. Geol. Ges. DDR, Berlin 1960: bei G. VIETE (1961).
CEPEK, A. G.: Zum Pliozän in Brandenburg. — Ber. Geol. Ges. DDR, 3, 2/3, Berlin 1958.
CRAMER, R.: Geologische Spezialkarte und Erläuterungen, Lieferung 266, Blatt Weißwasser (4453). — Berlin 1928.
ELZE, K.: Hydrogeologische Untersuchungen im Breslau—Magdeburger Urstromtal. — Braunkohlenarchiv, H. 35, Halle 1932.
FIRBAS, F. & R. GRAHMANN: Über jungdiluviale und alluviale Torflager in der Grube Marga bei Senftenberg/LN. — Abh. math.-phys. Kl., Sächs. Akad. Wiss., Bd. XL, Nr. IV, Leipzig 1928.
GENIESER, K.: Diskussionsbeitrag zur Frage der Plio-Pleistozängrenze. — Ber. Geol. Ges. DDR 3, 2/3, Berlin 1958.
HANNEMANN, M.: Neue Beobachtungen zur Entstehung und Entwicklung des Berliner Urstromtales zwischen Fürstenwalde/Spree und Fürstenberg/Oder. — Geologie, 10, 4/5, Berlin 1961.
HELPAP, O.: Zur Morphologie der Niederlausitz. — Berl. Geogr. Arb., Geogr. Inst. Berl. Univ., Berlin 1935.
HULTZSCH, A.: Fossile Frostbodenformen im miozänen Glassand von Hohenbocka. — Z. angew. Geol., 5, 6, Berlin 1959.
KEILHACK, K.: Über Brodelböden im Taldiluvium bei Senftenberg und über das Alter der sie begleitenden Torf- und Faulschlammablagerungen. — Z. geol. Ges., Abh. u. Monatsber. 79, Berlin 1927/28.
KÖLBEL, F.: Das Prätertiär der Struktur von Mulkwitz bei Spremberg nordöstlich des Lausitzer Hauptabbruchs. — Geologie, 7, 3—6, Berlin 1958.
KRUTZSCH, W. & D. LOTSCH: Tertiär und Braunkohle der Lausitz; Tertiär in Ostbrandenburg. — Exkursionsführer z. 7. Jahrestag. Geol. Ges. DDR, Berlin 1960.
MEHNER, W.: Lagerstättenkundliche und bodengeologische Probleme im Braunkohlentagebaugebiet von Senftenberg. — Exkursionsführer z. 7. Jahrestagung Geol. Ges. DDR, Berlin 1960.
MERTEN, A.: Hydrogeologische Stellungnahme zur Wasserversorgung des Kraftwerkes Boxberg. — Berlin 1962 (unveröff.).
RADTKE, H.: Ergebnisbericht über die geologischen Erkundungsarbeiten auf Braunkohle im Raum Bagenz aus dem Jahre 1960. — Berlin 1961 (unveröff.).
— Neue geologische Ergebnisse aus dem Hinterland des Muskauer Faltenbogens. — Z. angew. Geol., 7, 10, Berlin 1961.
— Ergebnisbericht über die geologischen Erkundungsarbeiten im Raum Klitten auf Braunkohle im Jahre 1961. — Berlin 1962 (unveröff.).
STEDING, D.: Über quartärgeologische Fragen in Ostsachsen am Rande der Mittelgebirge. — Ber. Geol. Ges. DDR, 7, 2, Berlin 1962.
VIETE, G.: Zur Entstehung der glazigenen Lagerungsstörungen unter besonderer Berücksichtigung der Flözdeformationen im mitteldeutschen Raum. — Freib. Forsch., C78, Berlin 1961 [1961 a].
— Beiträge zur glazigenen und endogenen Tektonik im Quartär und Tertiär Nord- und Mitteldeutschlands. — Bergakademie, H. 5, Berlin 1961 [1961 b].
— Über einige Fragen der dynamischen Geologie des Quartärs in der DDR. — Ber. Geol. Ges. DDR, 7, 2, Berlin 1962.
Arbeitsunterlagen und Schichtenverzeichnisse des VEB PKB „Kohle", Berlin.

Die Kohlentonsteine von Doberlug – umgewandelte pyroklastische Sedimente[1)]

BALDUR MEISSNER, Leipzig

In den Steinkohlenflözen vieler Kohlenreviere treten eigenartige Bergemittel auf, die als Kohlentonsteine bezeichnet werden. Sie bestehen überwiegend aus Kaolinit oder Illit, sind horizontbeständig und besitzen eine große flächenhafte Verbreitung. Ihre Mächtigkeit beträgt meist nur wenige Millimeter oder Zentimeter. Als stratigraphische Leithorizonte und z. T. auch als Rohstoffe für feuerfeste Keramik besitzen sie große Bedeutung.

Die Entstehung dieser Kohlentonsteine ist umstritten. Wegen ihrer großen flächenhaften Verbreitung wurden sie zunächst als Ablagerungen vulkanischer Aschenregen gedeutet. Später trat die Mehrzahl der Bearbeiter für eine Entstehung durch chemische Ausfällung oder Umwandlung epiklastischer Sedimente (im Sinne von FISHER 1961) ohne Beteiligung pyroklastischen Materials ein. Ein ausführliches Literaturverzeichnis ist bei HOEHNE (1959) zu finden.

Eine wesentliche Stütze erfuhren die Gegner der vulkanischen Entstehung durch den Bericht von SCHÜLLER (1951) über die Tonsteine aus den Steinkohlenflözen von Dobrilugk (jetzt Doberlug) und ihre Entstehung. SCHÜLLER lehnte die Aschenregentheorie ab und deutete die Kohlentonsteine als „biochemische" Sedimente der Kohlenmoore. Diese Deutung läßt sich nach einer erneuten Bearbeitung, der im wesentlichen die Originaldünnschliffe zugrunde lagen, nicht mehr aufrechterhalten.

Die zum Teil idiomorphen Quarzkristalle in den Tonsteinen, die von SCHÜLLER als autigen bezeichnet wurden, sind echte Porphyrquarze. Der Beweis dafür sind typische Glaseinschlüsse und Korrosionsbuchten. Von den aus Braunkohlen beschriebenen autigenen Quarzen (BAKER 1946, HELLMERS & OTTEMANN 1952) unter-

1) Eingang des Manuskripts in der Redaktion: 21. 5. 1963

scheiden sie sich außerdem durch das Fehlen bituminöser Einschlüsse im Zentrum oder in zonarer Anordnung an den Rändern. In den deutlich erkennbaren sekundären Anwachsungen der Quarze sind bituminöse Einschlüsse vorhanden.

Als zersprungene getrocknete Tongele betrachtete SCHÜLLER „,Splitter' aus feinkristallinen weißen Aggregaten, die — nach der optischen und röntgenographischen Bestimmung — ebenfalls aus Leverrierit bestehen . . .". Diese „Splitter" besitzen oft rechteckige Umrisse. Die Vermutung, daß es sich dabei um Feldspatpseudomorphosen handelt, wurde durch eine Tonsteinprobe aus einer neueren Bohrung bestätigt. Dieser Tonstein enthält ähnliche Pseudomorphosen, die in Plagioklas mit deutlicher Zwillingslamellierung übergehen. An drei Zwillingen war noch eine Vermessung der Indikatrix mit dem Universaldrehtisch möglich. Sie ergab Anorthitgehalte von 32 bis 35% und einen Achsenwinkel 2 Vx von 82 bis 88°. Durch eine Dünnschliffintegration wurde folgender Modalbestand ermittelt: Plagioklas bzw. Pseudomorphosen nach Plagioklas — 49%, leverrieritische Kaolinitkristalle — 40%, zersetzter Biotit — 10%, bituminöse Substanz als Zwickelfüllung — 1%. Die Möglichkeit einer autigenen Entstehung derartiger Plagioklase scheidet aus. Gegen eine Deutung als epiklastische Feldspäte spricht außer den idiomorphen Umrissen vor allem die Tatsache, daß die eingehend untersuchten hangenden und liegenden tonarmen Grauwacken der gleichen Kornfraktion höchstens 2,5%, durchschnittlich aber weniger als 1% Feldspäte enthalten und zu 40—90% aus Lydit- und Schiefertongeröllchen bestehen. Lyditgeröllchen konnten in keinem Tonstein mit Sicherheit nachgewiesen werden.

Die Kaolinit- und „Leverrierit"-Kohlentonsteine von Doberlug können somit nur als pyroklastische Sedimente, also als Produkte vulkanischer Aschenregen gedeutet werden, die aus wechselnden Mengen von Quarz, Feldspat, Biotit und Glaspartikeln bestanden. Nach der Ablagerung in den Kohlenmooren wurde die labilste Komponente, das vulkanische Glas, völlig aufgelöst. Unter dem Einfluß der huminsauren Moorwässer entstanden auf seine Kosten die wurmförmigen Kristalle von Kaolinit und „Leverrierit". Tufflagen ohne Kristalleinsprenglinge und ohne aus der Schlotwandung des Vulkans mitgerissenes Fremdmaterial wurden in Tonsteine umgewandelt, die nur aus Kristallen von Kaolinit und „Leverrierit" bestehen.

Der Nachweis eines vulkanischen Ursprungs der Tonsteine von Doberlug berechtigt zu der Annahme, daß auch die Kohlentonsteine anderer Gebiete wenigstens zum Teil umgewandelte pyroklastische Sedimente sind.

Im Ruhrgebiet wurde in Tonsteinen der Flöze Hagen 1 (KIRSCH & HALLBAUER 1960) und Hagen 2 (HALLBAUER, KIRSCH & POLLMANN 1962) Sanidin nachgewiesen und daraus ein Hinweis auf eine vulkanische Entstehung abgeleitet. An den Originaldünnschliffen, die SCHÜLLER für HOEHNE (1954) untersuchte, konnten die gleichen Beobachtungen gemacht werden. Auch im Tonstein aus dem Flöz Erda (Zeche „Fürst Leopold") kommt Sanidin in gleicher Ausbildung vor.

Die Tonsteine des Saargebiets wurden von GUTHÖRL, HOEHNE & SCHÜLLER (1956) in einer Monographie beschrieben. Eine Entstehung aus vulkanischen Tuffen wurde abgelehnt. Neuerdings berichteten STÖFFLER, v. ENGELHARDT & MÜLLER (1963) über neue Untersuchungen des Tonsteins aus dem Flöz Wahlschied. Dieses Flöz enthält in einem 1,86 m mächtigen Profil maximal 19 Brand- und Tonschieferlagen von 0,2 bis 0,6 mm Stärke sowie eine 3,5—4 cm mächtige Tonsteinschicht, die sich über mehrere Kilometer verfolgen läßt. Aus dem großen Unterschied im Schwermineralgehalt zwischen dem Tonstein einerseits und den hangenden und liegenden Brand- und Tonschiefern andererseits schließen die Autoren auf ein anderes Ursprungsmaterial des Tonsteins und deuten eine vulkanische Entstehung an. Eine Durchsicht des entsprechenden Originaldünnschliffes der obengenannten Monographie (GUTHÖRL u. a. 1956, S. 699, Probe 3) ergab, daß Sanidin in etwa gleicher Menge wie Quarz an der Zusammensetzung des Tonsteins beteiligt ist. Sanidin und Vulkanitbröckchen wurden ferner im Tonstein von Flöz „Josepha" (ebenda, S. 696, Probe 5) beobachtet. Bei dem als Pseudomorphosentonstein beschriebenen Tonstein 3 (ebenda, S. 710, Abb. 10, 11, 12) fällt auf, daß Feldspat die weitaus überwiegende klastische Komponente war. Derartige Mengenverhältnisse sind in epiklastischen Sedimenten zwar selten, beweisen aber noch nicht einen pyroklastischen Charakter. Ein Vergleich der Zusammensetzung dieses Tonsteins mit der des hangenden und liegenden Nebengesteins der Kohle könnte diese Frage klären. Ähnlich liegen die Verhältnisse bei den Tonsteinen 4 und 5, die auch Splitter von Porphyrquarzen enthalten.

Daß die Tonsteine nur in den Kohlenflözen und ihrem unmittelbaren Liegenden und Hangenden auftreten, spricht nicht gegen einen vulkanischen Ursprung, denn in den Kohlenmooren herrschten die günstigsten Bedingungen für die Erhaltung der dünnen, oft weniger als 1 cm mächtigen Tufflagen (STACH 1950).

Gegen einen vulkanischen Ursprung der Tonsteine wurde auch angeführt, daß aus der Zeit ihrer Entstehung keine Anzeichen vulkanischer Tätigkeit vorliegen. Gerade diese Anzeichen sind aber die Tonsteine selbst. Auf einen vulkanischen Aschenauswurf folgt bekanntlich nicht immer ein Erguß von Lava. Auch im Unterkarbon von Doberlug sind die in Tonsteine umgewandelten Tuffe bisher die einzigen Anzeichen vulkanischer Tätigkeit. Die von SCHÜLLER (1949) als Oberflächenergüsse bezeichneten Andesite und Trachydolerite erwiesen sich bei späteren Untersuchungen als Lagergänge (MEMPEL 1952, NÖLDEKE in DETTE, HAASE & NÖLDEKE 1960). KUHL (1960), der erneut für einen vulkanischen Ursprung der Tonsteine im oberschlesischen Steinkohlengebiet eintrat, konnte in den Sattelflözen Andesitlava nachweisen. Bisher waren auch hier die Tonsteine die einzigen Hinweise auf eine vulkanische Tätigkeit im produktiven Karbon Oberschlesiens gewesen.

Die Tonsteine erreichen im Saargebiet eine Ausdehnung von 50 km, vom Ruhrgebiet aus konnten sie maximal 150 km weit nach Westen verfolgt werden (STADLER 1962). Bei der Annahme eines vulkanischen Ursprungs ist die große Verbreitung und Horizontbeständigkeit leicht verständlich und auch mi taktualistischen Vorstellungen in Einklang zu bringen.

Zusammenfassung

Die Kohlentonsteine von Doberlug sind umgewandelte vulkanische Tuffe und keine biochemischen Sedimente, wie bisher angenommen wurde. Sie unterscheiden sich von den hangenden und liegenden tonarmen Lyditgrauwacken durch einen bedeutend größeren Gehalt an Feldspäten bzw. Pseudomorphosen nach Feldspäten und das völlige Fehlen von Lyditgeröllchen. Ausgehend von diesen Erkenntnissen werden einige Tonsteine aus dem Saargebiet und dem Ruhrgebiet erwähnt, für die ebenfalls ein vulkanischer Ursprung sehr wahrscheinlich ist.

Резюме

Углистые аргиллиты около Доберлуга являются измененными вулканическими туффами, а не биохимическими осадочными породами, как до сих пор предполагали. Они отличаются от висячих и лежачих бедных глинистым веществом лидитовых граувакк значительно большим содержанием полевых шпатов или-же псевдоморфозов по полевым шпатам и совершенным отсутствием лидитовых галек. Исходя их этих познаний, упоминаются некоторые аргиллиты из Саарской и Рурской областей, имевшие также с большой вероятностью вулканическое происхождение.

Summary

The coal claystones of Doberlug are replaced volcanic tuffs and not biochemical sediments, as was hitherto supposed. They differ from overlying and underlying lydite graywackes poor in clay by a considerably higher content in felspars and pseudomorphoses subsequent to felspars and the entire absence of small lydite roundstones. Proceeding from this knowledge some claystones are mentioned from the Saar and Ruhr districts, whose volcanic origin is also very probable.

Literatur

BAKER, G.: Microscopic quartz crystals in brown coal. — American Mineralogist, 31, 22—30 (1946).
DETTE, K., I. HAASE & W. NÖLDEKE: Paläozoikum Südbrandenburgs. — Exkursionsführer Brandenburg. 7. Jahrestagung d. Geol. Ges. DDR, Berlin 1960.
FISHER, R. V.: Proposed classification of volcaniclastic sediments and rocks. — Geol. Soc. Am. Bull., 72, 1409—1414 (1961).
GUTHÖRL, P., K. HOEHNE & A. SCHÜLLER: Monographie der Saartonsteine. — Geologie, 5, 695—755, Berlin 1956.
HALLBAUER, D., H. KIRSCH & S. POLLMANN: Tonsteine des Ruhrkarbons mit einer Montmorillonit-Illit-Wechsellagerungsstruktur. — Neues Jb. Min. Abh., 98, 283—294, Stuttgart 1962.
HELLMERS, H. J. & J. OTTEMANN: Die Kristallisation des Quarzes bei niedrigen Temperaturen. — Silikattechnik, 3, H. 2, 51—56, Berlin 1952.
HOEHNE, K.: Zur Ausbildung und Genese der Kohlentonsteine im Ruhrkarbon. — Chemie der Erde, 17, 6—28 (1954).
— Grundsätzliche Erkenntnisse über die Tonsteinbildung in Kohlenflözen und neue Tonsteinvorkommen in Ost-USA, Westkanada und Nordmexiko. — Geologie, 8, 280—302, Berlin 1959.
KIRSCH, H. & D. HALLBAUER: Über das Vorkommen von Sanidin in einem Tonstein des Ruhrkarbons. — Neues Jb. Min., Mh., 52—57, Stuttgart 1960.
KUHL J.: Kristalltonsteine, die in Kohlenflözen als vulkanische Elemente zu betrachten sind, als leitführende Horizonte bei der Parallelstellung der Flöze im oberschlesischen Kohlenbecken. — Freiberger Forsch.-H. C 80, 149—157 (1960).
MEMPEL, G.: Stratigraphie und Tektonik des flözführenden Unterkarbons von Doberlug-Kirchhain (Niederlausitz). — Geol. Jb., 66, (f. 1950), 585—626, Hannover 1952.
SCHÜLLER, A.: Die Gesteine des Unterkarbons von Dobrilugk und des „Algonkiums" von Rothstein bei Liebenwerda. Eine Sedimentserie mit neuartigen vulkanischen Einschaltungen. — Abh. geol. Landesanst. Berlin, NF, H. 213, Berlin 1949.
— Die Tonsteine aus den Steinkohlenflözen von Dobrilugk und ihre Entstehung. — Heidelberger Beiträge, 2, 413—427 (1951).
STACH, E.: Vulkanische Aschenregen über dem Steinkohlenmoor. — Glückauf, 86, 41—50, Essen 1950.
STADLER. G.: Zusammenfassende Bemerkungen zur Genese der Kaolin-Kohlentonsteine. — Fortschr. Geol. Rheinl. u. Westf., 3, Teil 2, 641 bis 642, Krefeld 1962.
STÖFFLER, D., W. v. ENGELHARDT & G. MÜLLER: Zur Genese der Tonsteine im Saarkarbon. — Die Naturwissenschaften, H. 4, 124—125 (1963).

Eine geochronologische Skala nach Altersbestimmungen an Glaukoniten[1]

N. I. POLEWAJA, UdSSR

Die Beurteilung der Zeitdauer von Einzelabschnitten der biostratigraphischen Skala ist für die Interpretation der mit radiologischen Methoden gewonnenen Angaben zur Bestimmung des absoluten geologischen Alters von großer Bedeutung. Erstmalig stellte HOLMES (1947) nach den Angaben der Pb-Methode eine geochronologische Skala auf, die mehr als zehn Jahre benutzt wurde. Dieser Skala lagen jedoch nur fünf Bestimmungen (bei elf Unterabteilungen der Skala) zugrunde. Für drei davon war die stratigraphische Stellung nur unzureichend bestimmt, und die Streuung der Alterswerte, die z. B. nach verschiedenen Methoden für eine Probe des schwedischen Kolm berechnet wurde, erreichte 300 Mill. Jahre. Eine weitere Präzisierung der Skala war deshalb erforderlich. Versuche wurden von KNOPF (1951), MARBLE (1951) und KEY (1955) unternommen.

Die schnelle Entwicklung der radiologischen Methoden in den letzten zehn Jahren führte, besonders in Verbindung mit der Argon-Methode, zu zahlreichen experimentell zuverlässigen Altersbestimmungen. Diese neuen, nach der Pb-, Ar- und Sr-Methode ermittelten Angaben ließen sich nur schwer mit der vorhandenen Skala in Übereinstimmung bringen. Sie machten eine beträchtliche Verlegung der Grenzen der stratigraphischen Einheiten vom Unteren Jura bis zum Unteren Kambrium (einschließlich) nach unten erforderlich.

Schwierig gestaltet sich die Auswahl des Probematerials, da die Elemente, an denen das absolute Alter bestimmt wird, keine Migrationserscheinungen aufweisen dürfen. Über die Tauglichkeit eines Minerals zur absoluten Altersbestimmung besteht keine einheitliche Meinung. Die Pb-Methode ist der Ar- und sogar der Sr-Methode vorzuziehen. Die recht gute Übereinstimmung der nach verschiedenen Isotopenverhältnissen errechneten Alterswerte (Pb^{206}/U^{238}, Pb^{207}/U^{235} und Pb^{207}/Pb^{206}) garantiert ihre Zuverlässigkeit und zeugt davon, daß keine Zwischenzerfallsprodukte von Uran, Thorium (insbes. von Ra und Rn) und Blei verlorengehen.

Bei der Ar- und Sr-Methode wird das Alter ausschließlich nach dem Verhältnis Ar^{40}/K^{40} bzw. Sr^{87}/Rb^{87} errechnet. Beide Verhältnisse sind voneinander unabhängig. Eine Kontrolle der Altersbestimmung ist nur durch Anwendung beider Methoden am gleichen Mineral möglich. Mit der Ar- und Sr-Methode werden jedoch nicht immer übereinstimmende Werte erzielt.

Die methodischen Arbeiten z. B. von GERLING & MOROSOWA (1956, 1958); AMIRCHANOW u. a. (1960); MURINA (1958); WETHERILL, ALDRICH & DAVIS (1955); WASSERBURG & HAYDEN (1955); WASSERBURG, HAYDEN & JENSEN (1956) ergaben, daß in den Glimmern das radiogene Argon im allgemeinen besser erhalten bleibt als in den Feldspäten. Sie sind daher für Untersuchungen nach der Ar-Methode am besten geeignet[2].

[1] Aus: „Trudy laboratorii geologii dokembrija", Ausg. 12, Moskau—Leningrad 1961, S. 123—132. — Übers.: CH. WOLF, Berlin; gekürzt und redaktionell bearbeitet: J. HOFMANN, Freiberg (Sa.).

[2] Bei der Interpretation der an Glimmern ermittelten Alterswerte ist jedoch zu berücksichtigen, daß das Gestein möglicherweise alten Glimmer übernommen hat oder — im Gegenteil — der Glimmer später gebildet worden sein kann.

Bis in die neueste Zeit basierten alle Versuche, die Skala der absoluten Altersbestimmung zu revidieren, ausschließlich auf Altersbestimmungen an geologisch datierten magmatogenen Bildungen, und zwar bei Untersuchung der Glimmer nach der Ar- und Sr-Methode und bei Untersuchung der radioaktiven akzessorischen Minerale nach der Pb-Methode. Für diese Untersuchungen dürften nur solche Intrusiva verwendet werden, die eine in einem engen Bereich liegende paläontologisch belegte obere und untere Altersgrenze aufweisen. Eine derartige Forderung ist jedoch praktisch nicht erfüllbar. Im günstigsten Fall ist bei Intrusionen lediglich die untere Altersgrenze anhand von Durchbrüchen durch paläontologisch datierte Schichtenfolgen bestimmt. Die obere Altersgrenze der Intrusion, die im allgemeinen zeitlich weit von der unteren Grenze entfernt liegt, fehlt entweder oder wird in den angrenzenden Gebieten analog bestimmt, und zwar nach dem Auftreten von Geröllen in höher gelegenen Sedimenten oder nach ihrer unmittelbaren Bedeckung mit faunistisch charakterisierten sedimentären oder sedimentär-vulkanogenen Bildungen.

Es muß betont werden, daß sich die Identität von Geröll und Intrusion nicht immer einwandfrei nachweisen läßt. In vielen Fällen entscheiden nicht exakte Angaben, sondern die subjektive Meinung des Geologen. Außerdem wird die Identität von Geröllen und dem anstehenden Gestein häufig nur nach äußeren Merkmalen im Gelände bestimmt und nicht immer durch gründliche Untersuchungen im Laboratorium bestätigt. Nur selten werden Intrusionen durch paläontologisch datierte Schichtenfolgen „eingegabelt", z. B. das von Rubinstejn (1959) beschriebene Kelasur-Massiv in Georgien.

Im allgemeinen können daher Intrusionen mit nur einer (gewöhnlich der unteren) paläontologisch belegten Altersgrenze untersucht werden (Komlew u. a. 1960; Owtschinnikow 1958; Owtschinnikow, Schur & Dunajewa 1960; Garris u. a. 1960; Davidson 1959; Mayne 1959; Kulp 1959; Holmes 1959; Faul 1960). Bei den bisher aufgestellten Altersgliederungen dieses Typs wurde faktisch nicht die Dauer eines geologischen Zeitabschnitts bestimmt, sondern die Zeit zwischen den einzelnen Etappen und Phasen des Magmatismus. Der Magmatismus einer Orogenese ist in verschiedenen Gebieten nicht immer synchron, z. B. können die Spätkaledoniden in einem Gebiet den Frühvarisziden in einem anderen Gebiet nahestehen. Es war daher wichtig, für die absolute Altersbestimmung tatsächlich authigene, kotemporäre biostratigraphische Mineralien zu verwenden.

Die Untersuchungen von Amirchanow u. a. (1958); Rubinstejn (1959); Kasakow & Polewaja (1958); Polewaja, Kasakow & Murina (1960); Lipson (1956); Wasserburg u. a. (1956); Hurley u. a. (1959); Cormier u. a. (1957); Cormier (1957) ergaben, daß Glaukonit für absolute Altersbestimmungen besonders geeignet ist. Die an stratigraphisch datierten Glaukoniten gewonnenen und meist befriedigenden Altersangaben ermöglichten die Aufstellung einer neuen Skala, die sich unmittelbar auf authigene, kosedimentäre Mineralien gründet. Eine Bewertung der Zuverlässigkeit dieser Alterswerte erfolgte jedoch nur durch Vergleich mit geologischen Angaben, d. h. mit der alten Skala (siehe Abbildung).

Methodische Arbeiten über die Untersuchung des Erhaltungszustandes radiogenen Argons in Glaukoniten sind bisher nur wenig bekannt und enthalten überaus widersprüchliche Ergebnisse. So kamen Amirchanow, Brandt & Bartnizkij (1958) bei Untersuchungen der Kinetik der Argonausscheidung aus erhitztem Glaukonit zu dem Schluß, daß 20% des radiogenen Argons bei der Ausscheidung des adsorbierten Wassers (d. h. bei t ~ 100°) verlorengehen. Polewaja, Kasakow & Murina (1960) widerlegten diese Schlußfolgerungen, indem sie bewiesen, daß der Austritt von Argon aus dem Glaukonit erst bei einer Temperatur von ~ 300° beginnt und bei Austritt des Konstitutionswassers (t ~ 500—600°) sowie der Oxydation des Eisens, d. h. bei merklicher Umgestaltung der Kristallstruktur, ein Maximum erreicht.

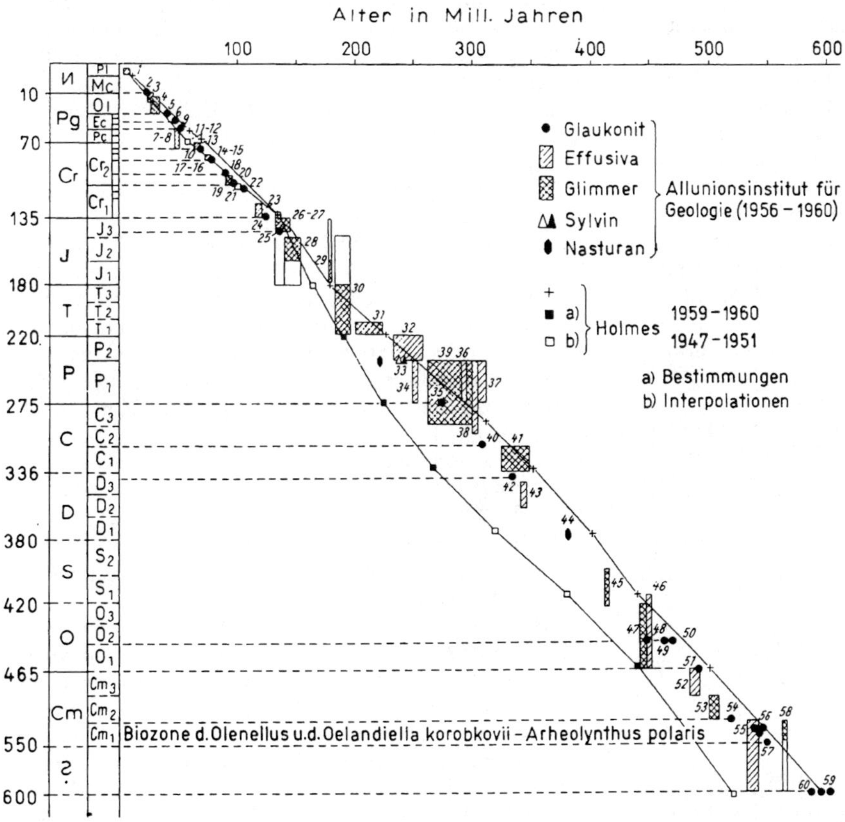

Abb. Absolute Zeitskala

Tab. 1. Glaukonite aus känozoischen und mesozoischen Ablagerungen

Fundort der Probe	Stratigraphische Stellung der Probe	K %	Ar^{40}/K^{40}	Alter in Mill. Jahren
Vorkaukasus, Bohrung „Leningrad"	Oberer Teil der Majkop-Schichten (Unteres Miozän)	3,95	0,0013	24
Vorkaukasus, Bohrung „Umanzewo"	Kiew-Schichten (Oberes Eozän)	5,31	0,0021	37
Vorkaukasus, Bohrung „Wolgograd"	Kiew-Schichten (Oberes Eozän)	5,48	0,0026	46
Turgaj	Tas-Aran-Schichtenfolge (Mittleres Eozän)	4,99	0,0028	49
Abchasija, Kodor-Fluß	Obere Schichten des Paläozäns	6,99	0,0030	53
Dagestan, Ullu-Tschaj-Fluß	Dan	4,62	0,0040	70
Saratow, Lysaja gora	Obere Kreide, Senon	6,02	0,0045	78
ČSSR, Koberzik	Obere Kreide, Cenoman	5,96	0,0043	76
ČSSR, Koberzik	Obere Kreide, Cenoman	6,00	0,0043	77
Kaluga, Phosphoritlagerstätte von Bukan	Obere Kreide, Cenoman	5,78	0,0045	80
Kaukasus, Bolschaja-Laba-Fluß, Skrylejew-Schlucht	Untere Kreide, Alb	4,29	0,0055	97
Kaukasus, Bolschaja-Laba-Fluß, Skrylejew-Schlucht	Untere Kreide, Alb	4,38	0,0057	100
Kaukasus, Bolschaja-Laba-Fluß, Skrylejew-Schlucht	Untere Kreide, Apt	5,72	0,0059	105
Kaukasus, Baksan-Fluß	Untere Kreide, Apt	5,00	0,0061	107
Moskauer Gebiet, Phosphorit-Lagerstätte Jegorjew	Untere Kreide, Valendis	4,02	0,0072	125
Moskauer Gebiet, Phosphorit-Horizont von Jegorjew	Obere Schichten des Oberen Jura, Wolga-Schichten	5,23	0,0079	136

Da man also beim Glaukonit, sofern er nicht bedeutender Erwärmung ausgesetzt war, einen hohen Erhaltungsgrad des radiogenen Argons erwarten kann, wurden an paläontologisch und stratigraphisch datierten Glaukoniten aus dem Miozän bis einschließlich Algonkium zahlreiche Altersbestimmungen durchgeführt, nach denen eine Skala der absoluten Geochronologie aufgestellt werden sollte.

In der vorliegenden Arbeit wird nur über Bestimmungen zur Zusammenstellung einer nachpräkambrischen Skala berichtet. Angaben über ältere Glaukonite sind in einer Arbeit von POLEWAJA & KASAKOW (1961) enthalten.

Die Ergebnisse der Altersbestimmung von 16 Proben meso- und känozoischer Glaukonite sind in Tab. 1 dargestellt. Es ist ersichtlich, daß die nach der Argon-Methode gewonnenen Alterswerte im allgemeinen gut mit der alten Skala von HOLMES übereinstimmen. Niedriger liegen die Daten jedoch bei den Glaukoniten des Cenomans. Auch die Altersbestimmungen für gleichaltrige Glimmer und vulkanogene Bildungen ergaben ebenfalls 70 Mill. Jahre für das Dan, 105—100 Mill. Jahre für die Grenze zwischen Unterer und Oberer Kreide sowie 135 Mill. Jahre für die Grenze zum Oberen Jura.

Tab. 2. Von anderen Autoren durchgeführte Altersbestimmungen an Glaukoniten des Meso-/Känozoikums (in Mill. Jahren)

Geologisches Alter	AMIRCHANOW und andere (1957) *)	WASSERBURG & HAYDEN (1956)	LIPSON (1956)	CORMIER
Miozän	27—22	—	32—18	—
Oligozän	33	—	22—14	—
Eozän	64—43	48	35—34	59
Paläozän	—	—	44	—
Obere Kreide	89—76	78	—	71
Untere Kreide	139—89	—	130	—
Oberer Jura	145	—	—	140—137

*) Die Angaben von CH. P. AMIRCHANOW u. a. wurden von Verfasserin unter Berücksichtigung der gegenwärtigen Zerfallskonstanten des Kaliums umgerechnet und stimmen nun mit den vorliegenden Untersuchungsergebnissen sowie den Werten anderer Autoren überein.
($\lambda_K = 0{,}577 \cdot 10^{-10}$ Jahre^{-1} und $\lambda_\beta = 4{,}72 \cdot 10^{-10}$ Jahre^{-1}.)

In Tab. 2 sind die Angaben anderer Autoren für Glaukonite des Meso- und Känozoikums zusammengefaßt. Die meisten dieser Werte stimmen sowohl untereinander als auch mit den Ergebnissen der Autorin und der alten Skala von HOLMES gut überein. Nach Ansicht der Verfasserin sind für den Zeitabschnitt bis 135 Mill. Jahre, d. h. bis einschließlich Oberen Jura, die aufgeführten Daten genügend zuverlässig, und weitere Untersuchungen bringen kaum wesentliche Präzisierungen der Skala. Leider standen keine Glaukonitproben aus dem Unteren Jura und der Trias zur Verfügung. Aber gerade diese Abschnitte haben sich nach neuen Bestimmungen an magmatogenen Mineralien und vulkanogenen Bildungen als bedeutend älter erwiesen, als nach der alten Skala zu erwarten war (190—180 Mill. Jahre für den Unteren Jura und 225—220 Mill. Jahre für die Untere Trias).

Die Schlußfolgerungen von HOLMES (1959), daß man an Glaukoniten nur den minimalen Wert ihres Alters erhalten kann, ist nicht immer begründet, da die von Verfasserin ermittelten Alterswerte gut mit den an Glimmer und vulkanogenen Bildungen ermittelten übereinstimmen. Bei einigen „anomalen" Glaukoniten, die zu niedrige Alterswerte ergeben, handelt es sich offenbar um Proben, die entweder durch Verwitterungsprozesse angegriffen wurden oder in irgendeiner Etappe ihrer geologischen Geschichte so tief versenkt wurden, daß Druck und Temperatur zum Verlust eines Teils des angesammelten radiogenen Argons führten. Leider ist dieses Problem heute experimentell nur wenig geklärt, und die Tauglichkeit des Glaukonits zur absoluten Altersbestimmung wird nur nach den gewonnenen Resultaten beurteilt.

Als weitaus schwieriger erwies sich die Gliederung des Paläozoikums. Da es Verfasserin bis jetzt noch nicht gelungen ist, Glaukonitproben aus allen Abteilungen des Paläozoikums zu erhalten, konnte vor allem das obere und mittlere Paläozoikum nicht altersmäßig charakterisiert werden (Tab. 3). Wie aus Tab. 3 ersichtlich, liegen die meisten Ergebnisse für die Zeitabschnitte vor, in denen glaukonitführende Schichtfolgen stark vertreten sind (Unteres Ordovizium und Unteres Kambrium).

Die an Proben aus Ablagerungen der Sakmara-Stufe (Schwagerinen-Horizont) des Unteren Perms gewonnenen Angaben bestätigen nach Ansicht der Verfasserin die gute Erhaltung des Argons in Glaukoniten.

Nach diesen Untersuchungen, die mit neuen Bestimmungen an Glimmern und vulkanogenen Bildungen gut übereinstimmende Werte erbrachten, begann das Perm früher, als bisher angenommen, und zwar mindestens vor 275 Mill. Jahren. Für Proben aus dem Mittelkarbon und Oberdevon sind die bei der Untersuchung der Glimmer gewonnenen Werte etwas niedriger als die bei der Untersuchung der Glaukonite. Jedoch liegen auch diese Daten noch bedeutend höher als die in der alten Skala von HOLMES. Da nur sehr wenig Proben zur Verfügung standen, müssen jedoch die Resultate nachträglich durch weitere Untersuchungen bestätigt werden. Für das Untere Ordovizium und das Untere Kambrium wurden insgesamt 14 Bestimmungen vorgenommen.

Die bisher in der Literatur veröffentlichten, allerdings nur wenigen Werte über absolute Altersbestimmungen an paläozoischen Glaukoniten sind in Tab. 4 zusammengestellt.

Die Grundlage für die in der Abbildung dargestellte absolute Zeitskala bilden ausschließlich im Laboratorium des Allunionsinstituts für Geologie von MURINA, SPRINZSON, SCHASCHUKOWA und SKOROBOGATKO durchgeführten Altersbestimmungen an Glaukoniten, die durch Altersbestimmungen an Glimmern und vulkanogenen Bildungen ergänzt und bestätigt wurden.

Die Alterswerte der Glaukonite sind als Punkte in der graphischen Darstellung eingetragen. Das Alter der Glimmer

Tab. 4. Von anderen Autoren durchgeführte Altersbestimmungen an paläozoischen Glaukoniten (in Mill. Jahren)

Geologisches Alter des Glaukonits	Argon-Methode			Strontium-Methode	
	L. N. OWTSCHINNIKOW u. a. (1960a)	M. M. RUBINSTEJN (1959)	WASSERBURG & HAYDEN (1956)	CORMIER u. a. (1957)	HURLEY u. a. (1958)
Perm	–	–	–	–	–
Karbon	–	–	–	–	–
Devon	–	–	–	–	–
Silur	–	–	–	–	–
Ordovicium (unteres)	440	467	381–375	–	–
Kambrium	–	–	425	470–401	584–412

ist in Form doppelt schraffierter Rechtecke dargestellt, deren Breite der Streuung der analytischen Angaben und deren Höhe den stratigraphischen Unsicherheiten entspricht. Nach demselben Prinzip wurden die Angaben für die vulkanogenen Bildungen als schräg schraffierte Rechtecke gezeichnet.

Um diese Angaben mit der alten und neuen Skala von HOLMES (1947, 1959) vergleichen zu können, wurden die HOLMESschen Werte als Linien dargestellt, und zwar entspricht die obere Linie der neuen, die untere Linie der alten Skala von HOLMES.

Aus der Abbildung ist ersichtlich, daß die von Mitarbeitern des Allunionsinstituts vorgelegte Skala der absoluten Geochronologie den neuen Angaben von HOLMES sehr nahesteht. Im Allunionsinstitut für Geologie werden weitere Arbeiten zur Präzisierung dieser vorläufigen Skala durchgeführt.

Tab. 3. Absolutes Alter der paläozoischen Glaukonite

Fundort	Stratigraphische Stellung der Probe	K %	Ar^{40}/K^{40}	Alter in Mill. Jahren
Nördlicher Timan, Indiga-Fluß	Untere Schichten des Unteren Perms, Sakmara-Schichten (Schwagerinen-Horizont)	4,62	0,0164	274
Russische Plattform, Bohrung beim Dorf Dergunowki	Mittelkarbon, Wereja-Horizont, Moskau-Stufe	5,29	0,0186	308
Nowyj Oskol, Dorf Lezenki, Bohrung Nr. 38	Untere Schichten des Oberen Devons, Woronesh-Schichten des Frasne	6,78	0,0203	334
Leningrader Gebiet, Tosno-Fluß	Unteres Ordovicium (Tremadoc)	5,42	0,0277	442
Bjelorussische SSR, Dorf Kupa, Bohrung Nr. 2, Teufe 175 m	Unteres Ordovicium (Tremadoc)	6,78	0,0290	460
Estnische SSR, Lagerstätte Mardu, Strecke 5	Unteres Ordovicium (Tremadoc)	6,65	0,0295	467
Volksrepublik Polen, Sandomierz	Unteres Ordovicium, Tremadoc (Grenze zum Oberen Kambrium)	4,90	0,0314	492
Koreanische Volksrepublik, Provinz Schansi, Sinschan, Kreis Utaj	Unteres Kambrium, Mantou-Schichten (der Fauna nach dem oberen Teil der Aldan-Schichten äquivalent)	6,41	0,0330	516
Patoma-Hochland, linkes Ufer der Lena an der Mündung des Patoma-Flusses	Unteres Kambrium, Sherbin-Folge der Aldan-Schichten	6,23	0,0320	502
Baikalgebiet, Gorjatschij kljutsch, rechter Zufluß des Usakowka-Flusses	Unteres Kambrium, Mota-Folge der Aldan-Schichten	3,41	0,0400	509
Russische Plattform, Leningrader Gebiet, Bohrung Koporje	Unteres Kambrium, blauer Ton der baltischen Serie (Zone des *Olenellus*)	5,98	0,0347	539
Bjelorussische SSR, Dorf Kupa, Bohrung Nr. 2, Teufe 257 m	Unteres Kambrium, blauer Ton der baltischen Serie (Zone des *Olenellus*)	4,66	0,0349	542
Bjelorussische SSR, Bohrung Rowenskaja Nr. 38, Teufe 151 m	Unteres Kambrium, blauer Ton der baltischen Serie (Zone des *Olenellus*)	5,37	0,0352	545
Olenek-Fluß	Unteres Kambrium, Kessjuse-Schichten (unterer Teil der Aldan-Schichtfolge) (Zone mit *Oelandiella karobkovii* und *Archaeolynthus polaris*)	4,40	0,0355	550
Russische Plattform, Stadt Serdobsk, Bohrung Nr. 2, Teufe 1380 m	Unteres Kambrium (unterste Fauna), Laminariten-Schichten der Waldaj-Serie	5,33	0,0398	606
Russische Plattform, Dorf Lipjagi, Bohrung Nr. 1, Teufe 1430 m	Unteres Kambrium (unterste Fauna), Laminariten-Schichten der Waldaj-Serie	5,84	0,0392	598
Russische Plattform, linkes Ufer des Dnestr	Unteres Kambrium, Jaryschewsker Horizont der Ljadowa-Folge (unterhalb der Fauna)	3,66	0,0385	590

Zusammenfassung

Verfasserin beweist die Verwendbarkeit paläontologisch datierter Glaukonite für absolute Altersbestimmungen und vergleicht die im Allunionsinstitut für Geologie ermittelten Alterswerte mit denen anderer Autoren. Die Ergebnisse von Altersbestimmungen an Glaukoniten, die durch Untersuchungen an Glimmern und vulkanogenen Bildungen ergänzt und bestätigt wurden, bilden die Grundlage für eine neu aufgestellte Skala der absoluten Geochronologie.

Резюме

Автор доказывает применимость палеонтологически датированных глауконитов для определений абсолютного возраста и сопоставляет выявленные в ВСЕГЕИ значения возраста с результатами других авторов. Результаты определений абсолютного возраста с помощью глауконитов, дополненные и подтвержденные путем исследования слюд и вулканогенных образований, слагают основу для заново разработанной шкалы абсолютной геохронологии.

Summary

The author shows the applicability of palaeontologically dated glauconites to absolute dating and compares values determined by the All-Union Institute for Geology with those obtained by other authors. Completed and confirmed by investigations of micas and volcanogenic formations, glauconite dating results form the basis of a newly arranged absolute geochronological scale.

Literatur

AMIRCHANOW, CH. I., S. B. BRANDT, E. N. BARTNIZKIJ, W. S. GURWITSCH & S. A. GASAPOW: Zur Frage des Erhaltungszustandes des radiogenen Argons in Glaukoniten. – Ber. Akad. Wiss. UdSSR, **118**, S. 328 (1958).

AMIRCHANOW, CH. I., S. B. BRANDT & E. N. BARTNIZKIJ: Zur Bestimmung des absoluten Alters der Kalifeldspäte mit der Argon-Methode. – Arb. VII. Tagung Komm. z. Bestimmung des absoluten Alters der geol. Formationen, Verl. Akad. Wiss. UdSSR, S. 361, 1960.

AMIRCHANOW, CH. I., S. B. BRANDT, E. N. BARTNIZKIJ, S. A. GASAPOW & W. S. GUREWITSCH: Der Mechanismus der Verluste des radiogenen Argons in Glimmern. – Arb. VII. Tagung Komm. z. Bestimmung des absoluten Alters der geol. Formationen, Verl. Akad. Wiss. UdSSR, S. 350, 1960.

AMIRCHANOW, CH. I., K. S. MAGATAJEW & S. B. BRANDT: Bestimmung des absoluten Alters der Sedimentminerale durch radiologische Methoden. – Ber. Akad. Wiss. UdSSR, **117**, Nr. 4 (1957).

CORMIER, R. F.: Rb – Sr ages of the mineral glauconite and their application to the construction of a post-Precambrian time-scale. – Mass. Inst. of Technology, Cambridge 1957.

CORMIER, R. F., L. F. HERZOG, W. H. PINSON & P. M. HURLEY: Rubidium-Strontium age determination of the mineral glauconite. – Mass. Inst. of Technology, Cambridge 1957.

DAVIDSON, C. F.: How old is the cambrian system? – Nature, **183**, S. 768 (1959).

FAUL, H.: Geologic time scale. – Bull. Geol. Soc. Amer., **71**, S. 637 (1960).

GARRIS, M. A., L. L. SCHANIN, L. S. USTJUSHANINA, N. N. DJADIN & S. S. SOLDATENKOW: Das absolute Alter der Granitoide des Südurals und Mugodshar nach der Kali-Argon-Methode. – Arb. VII. Tagung Komm. z. Bestimmung des absoluten Alters der geol. Formationen, Verl. Akad. Wiss. UdSSR, 1960.

GERLING, E. K. & I. M. MOROSOWA: Bestimmung der Aktivierungsenergie bei der Ausscheidung des Argons aus Glimmern. – Geochimija, Nr. 4, 1956, S. 304.

– Studium der Kinetik bei der Ausscheidung von Argon aus Mikroklin-Pertithen. – Geochimija, Nr. 7, 1958, S. 615.

HOLMES, A.: The construction of a geological time-scale. – Trans. geol. Soc., **21**, S. 117, Glasgow 1947.

– A revised geological time scale. – Trans. Edinb. geol. Soc., **17**, S. 3 (1959).

HURLEY, P. M., W. H. PINSON, R. F. CORMIER & H. W. FAIRBAIRN: Age study of lower palaeozoic glauconites. – J. Geophys. Research, **64**, S. 1109 (1959).

KASAKOW, G. A. & N. I. POLEWAJA: Vorläufige Angaben über die Ausarbeitung einer postpräkambrischen geochronologischen Skala nach Altersbestimmungen an Glaukoniten. – Geochimija, Nr. 4, 1958, S. 296.

KEY, M.: Sediments and subsidence through time in the crust of the Earth (A symposium). – Geol. Soc. Amer., Spec. Pap. **62**, S. 565 (1955).

KNOFF, A.: Time in earth's history. – Nat. Res. Council. Rept. of the Committee on the Measurement of Geological Time 1949 – 1950, S. 84 – 88, Washington 1951.

KOMLEW, L. W., M. S. FILIPPOW, S. I. DANILEWITSCH, G. N. KUTSCHINA, A. D. MICHALEWSKAJA & N. F. FEDOROWA: Das absolute Alter der herzynischen Granitplutone von Zentralkasachstan. – Arb. VII. Tagung Komm. z. Bestimmung des absoluten Alters der geol. Formationen, Verl. Akad. Wiss. UdSSR, 1960.

KOMLEW, L. W., M. S. FILIPPOW, G. N. KUTSCHINA & N. F. KRJUKOWA: Das absolute Alter der Granitintrusionen der Koktschetawsker Erhebungen in Nordkasachstan. – Arb. VII. Tagung Komm. z. Bestimmung des absoluten Alters der geol. Formationen, Verl. Akad. Wiss. UdSSR, 1960.

KOMLEW, L. W., M. S. FILIPPOW, S. I. DANILEWITSCH, A. D. MICHALEWSKAJA, G. N. KUTSCHINA & W. G. SAWONENKOW: Das Alter der Granitintrusion von Bektau-Aga im nördlichen Balchasch-Gebiet (Zentralkasachstan). – Arb. VII. Tagung Komm. z. Bestimmung des absoluten Alters der geol. Formationen, Verl. Akad. Wiss. UdSSR, 1960.

KULP, J. L.: Geological time-scale. – Bull. Geol. Soc. Amer., **70**, S. 1634 (1959).

LIPSON, J. I.: K/Ar dating of sediments. – Geochim. et Cosmochim. Acta, **10**, Nr. 1/2, S. 149 (1956).

MARBLE, J. P.: Report of the Committee on the Measurement of Geological Time 1949, 1959. – Washington 1961.

MAYNE, K. J., R. S. I. LAMBERT & D. IORK: The geological time-scale. – Nature, **183**, S. 212 (1959).

MURINA, G. A.: Bestimmung des absoluten Alters mit der Argon-Methode. – Arb. V. Tagung Komm. z. Bestimmung des absoluten Alters der geol. Formationen, Akad. Wiss. UdSSR, S. 331, 1958.

OWTSCHINNIKOW, L. N.: Zur Frage der Bestimmung des Alters der Erzlagerstätten des Urals. – Geochimija, Nr. 6, 1958, S. 545.

OWTSCHINNIKOW, A. W., A. S. SCHUR & W. A. DUNAJEWA: Über das absolute Alter der geologischen Bildungen des Urals. – Arb. VII. Tagung Komm. z. Bestimmung des absoluten Alters der geol. Formationen, Verl. Akad. Wiss. UdSSR, 1960.

POLEWAJA, N. I. & G. A. KASAKOW: Altersgliederung und Korrelierung alter fossilfreier Ablagerungen nach dem Verhältnis Ar^{40}/K^{40} in Glaukoniten. – Trudy laboratorii geologii dokembrija, Ausg. 12, S. 103 – 122, Moskau – Leningrad 1961.

POLEWAJA, N. I., G. A. KASAKOW & G. A. MURINA: Glaukonit als Indikator der geologischen Zeit. – Geochimija, Nr. 1, 1960, S. 21.

RUBINSTEJN, M. M.: Zur Überprüfung der absoluten geochronologischen Skala. – Ber. Akad. Wiss. UdSSR, **129**, Nr. 5, S. 117 (1959).

RUBINSTEJN, M. M., B. G. TSCHIKVAIDSE, A. L. KUKDAIDSE & O. JA. GELMAN: Zur Verwendung der Glaukonite für die Bestimmung des absoluten Alters der Sedimente mit der Argon-Methode. – Mitt. Akad. Wiss. UdSSR, Ser. Geol., Nr. 12, S. 77 (1959).

WASSERBURG, G. I. & R. I. HAYDEN: Ar^{40}/K^{40} dating of minerals. – Geochim. et Cosmochim. Acta, **7**, Nr. 1/2, S. 51 (1955).

WASSERBURG, G. I., R. Y. HAYDEN & JENSEN: Ar^{40}/K^{40} dating of igneous rocks and sediments. – Geochim. et Cosmochim. Acta, **10**, Nr. 3 (1956).

WETHERILL, G. W.: Radioactivity of potassium and geologic time. – Science, **126**, S. 545 (1957).

WETHERILL, C. W., L. T. ALDRICH & G. L. DAVIS: Ar^{40}/K^{40} ratios of feldspars and micas from the same rocks. – Geochim. et Cosmochim. Acta, **8**, Nr. 3, S. 171 (1955).

F. J. WOLFSON, UdSSR

Probleme der Untersuchung hydrothermaler Lagerstätten[1]

Referiert von FRIEDRICH STAMMBERGER, Berlin

Die richtige Orientierung geologischer Sucharbeiten und ihr erfolgreicher Ablauf werden in hohem Maße von den vorliegenden Erkenntnissen, der Theorie und der Wissenschaft über die Lagerstätten – der Lagerstättenlehre – beeinflußt.

Jede wissenschaftliche Prognose der Lagerstättenhöffigkeit eines Gebiets bedarf neben Unterlagen über den geologischen Bau und die geologische Entwicklungsgeschichte des betreffenden Gebiets einer wissenschaftlichen Konzeption über die Faktoren, die zur Bildung von Lagerstätten des gesuchten Typs führen, sie beeinflussen und kontrollieren.

Jede Methodik der Suche und Erkundung von Lagerstätten nutzbarer mineralischer Rohstoffe muß auf der Theorie der Erzbildung und Lagerstättenentstehung aufbauen. Ohne Theorie, die sich auf die vorliegenden Beobachtungen und die Ergebnisse der sog. exakten Wissenschaften (insbesondere der physikalischen Chemie) stützt, ist ein echter Fortschritt in unserer geologischen Praxis unmöglich, kann ihr Nutzeffekt nicht erhöht, mit dem eingesetzten Aufwand nicht das erreicht werden, was optimal möglich wäre.

Unsere Schwäche auf diesem Gebiet besteht nicht darin, daß die Bedeutung der Theorie von irgendeiner Seite angezweifelt würde. Sie ist nach Meinung des Referenten eher darin zu sehen, daß viele in neuerer Zeit geäußerten Gedanken und unbewiesenen Thesen noch zu oft einfach hingenommen oder gar übernommen werden, statt sie kritisch zu analysieren und an Hand der eigenen Beobachtungen und ermittelten Tatsachen zu überprüfen. Dadurch wird eines der inneren

[1] Staatl. Wissensch.-techn. Verl., Moskau 1962, 231 S., 38 Abb., 10 Tab., 2. ergänzte und überarb. Ausg., Redaktion A. G. BETECHTIN.

Entwicklungsgesetze jeder Wissenschaft nicht oder doch zu schwach wirksam, das sich im wissenschaftlichen Meinungsstreit, in Kritik und Selbstkritik äußern müßte. Die persönliche Hochachtung vor den Autoren solcher Thesen macht oft diese Thesen selbst zu einem Tabu, sehr zum Schaden der Lagerstättenlehre und ihrer Entwicklung.

Das vorliegende Buch WOLFSONs hat sich das Leitprinzip der sowjetischen Wissenschaften voll zu eigen gemacht, daß keine Wissenschaft sich ohne Meinungsstreit und Freiheit der Kritik entwickeln und Erfolge verzeichnen kann. Der Verf. ist bemüht, grundsätzliche Fragen im Lichte der neuesten Erkenntnisse unserer Wissenschaft zu diskutieren, die prinzipiellen Darlegungen der führenden Wissenschaftler (nicht nur der Sowjetunion) systematisch zu analysieren und auf die Frage zu antworten, ob durch die bisherigen Untersuchungen und Forschungen alle Seiten der Probleme erfaßt wurden, die zur notwendigen Ermittlung vorhandener Gesetzmäßigkeiten erforderlich sind.

*

WOLFSON hat sein Buch in drei Teile gegliedert: Im ersten untersucht er die geologischen Bedingungen, unter denen sich hydrothermale Lagerstätten bilden; im zweiten werden einige allgemeine Fragen zur hydrothermalen Lagerstättenbildung behandelt, und den letzten überschreibt er: „Einige strittige Fragen der Genesis sulfidischer Lagerstätten", obwohl die einzelnen Kapitel diesen Rahmen sprengen.

Der erste Teil enthält neben einer geschichtlichen Übersicht über die Entwicklung der Erzlagerstättenlehre: die genetischen Beziehungen zwischen der Vererzung hydrothermaler Lagerstätten und den Intrusiva; die Beziehungen zwischen hydrothermalen Erzgängen einerseits und Dykes sowie anderen intrusiven Gesteinen andererseits; die Verbindung hydrothermaler Vererzungen mit regionalen tektonischen Störungen; die Strukturen hydrothermaler Lagerstätten und Erzfelder, die Strukturen von Greisen- und Skarnlagerstätten sowie hydrothermaler (mittel- und tieftemperierter) Lagerstätten. Dieser Teil schließt mit Darlegungen zu metallogenetischen Untersuchungen, dem Stoffbestand der Erze und den Veränderungen des Wirtsgesteins, ferner der Beschreibung der mineralogischen und geochemischen Untersuchungen und den Veränderungen in der Kontaktzone des Wirtsgesteins zum Erz ab.

Im zweiten Teil werden die primäre Zonalität sowie der Einfluß des Nebengesteins auf die Vererzung, ihr Teufenbereich und ihre Bildungstiefe (in bezug auf die ehemalige Erdoberfläche) sowie experimentelle Ergebnisse aus dem Gebiet der Erzbildung behandelt.

Der dritte Teil umfaßt kritische Analysen der wichtigsten, in den letzten Jahren veröffentlichten Hypothesen zur Erz- bzw. Lagerstättenbildung: die Sublimationstheorie (SULLIVAN 1960, BROWN 1950), die sedimentär-metamorphogene Theorie (GRAY 1958, MARMO 1960, KING 1958, POPOW 1956, ROUTHIER 1960, KONSTANTINOW 1951 u. a.). Sehr ausführlich wird H. SCHNEIDERHÖHNs Hypothese der regenerierten Erzlagerstätten behandelt. Abschließend werden die vorgeschlagenen Klassifikationen hydrothermaler Lagerstätten kritisch überprüft und eigene Vorschläge unterbreitet. Eine Analyse der bekanntesten Lehrbücher (sowjetische und ausländische) mit Hinweisen für ein neu zu schreibendes Lehrbuch für die sowjetischen Hochschulen schließt das Buch ab.

WOLFSON stützt sich in seiner Arbeit (s. Literaturverzeichnis) auf rund 300 sowjetische und etwa 100 nichtsowjetische Veröffentlichungen, deren überwiegender Teil — selbstverständlich außer den klassischen Arbeiten — in den letzten zehn Jahren veröffentlicht wurde.

*

In den letzten zehn Jahren ist die hydrothermale Entstehung zahlreicher bekannter Lagerstätten wiederholt angezweifelt worden; „Hydrothermalist" zu sein, war lange Zeit unmodern. Die im Zusammenhang mit der Granitisierungstheorie entwickelten Gedanken führten bei einigen Geologen (H. BACKLUND, C. J. SULLIVAN u. a.) zu der Konzeption, daß im Metamorphoseprozeß durch die Mobilisierung spurenhaft oder in Konzentrationen im Gestein vorhandener Metalle auch die Lagerstätten entstanden seien.

Anderen bekannten Lagerstätten (z. B. den Cu-Lagerstätten in Nordrhodesien, Katanga, Pb-Zn-Lagerstätten im Mississippi-Missouri-Bezirk, Broken Hill in Australien u. a.) wurde von GRAY, KING u. a. primäre sedimentäre Entstehung mit späterer metamorpher Überprägung zugeschrieben.

Auch mit der extremsten Form der Tiefenmetamorphose, der Wiederaufschmelzung des Materials, wurden junge Lagerstätten in Verbindung gebracht. Palingenese und die sogen. „sekundäre hydrothermale Lagerstättenbildung" (SCHNEIDERHÖHN) führen nach diesen Anschauungen zu einer Regenerierung älterer Lagerstätten, die in der Tiefe begraben liegen. Diese Theorien und Hypothesen beeinflußten und beeinflussen nicht wenig unsere geologische Praxis. Denn wenn es — wie W. E. PETRASCHEK (1961) schreibt — die wissenschaftliche Aufgabe der Lagerstättenkunde ist, die Metallanreicherungen zu erklären, ist es „ihr praktisches Ziel, die Anreicherungsorte nach Möglichkeit vorauszusagen". Die Bedeutung obengenannter und ähnlicher Theorien und Hypothesen könnte somit u. a. daran gemessen werden, ob und in welchem Umfang sie die Geologen mit neuen Waffen für die Suche und Erkundung von Lagerstätten ausrüsten (oder auch vielleicht entwaffnen).

WOLFSON ist ein bekannter und erklärter Vertreter der hydrothermalen Richtung. Seine kritische Einstellung zu diesen „modernen" Anschauungen war daher vorauszusehen. Trotzdem überrascht sein Buch durch die betont kritische Betrachtungsweise, durch die Lebendigkeit und Vielseitigkeit der Darlegung und die Fülle des Materials. Dem Verf. muß unbedingt zugestanden werden, daß er bei der zusammenfassenden Darlegung der Auffassungen einzelner Autoren (sowjetischer und nichtsowjetischer) deren Anschauungen nicht verflacht oder vereinfacht, um sie leichter widerlegen zu können. Der Leser spürt in allen Fällen das Bemühen, die sachlichen Argumente zu prüfen und sie als bemerkens- und beachtenswert anzuerkennen, wenn neue Gesichtspunkte oder Ideen vorliegen, selbst dann, wenn WOLFSON ihnen anschließend nicht beipflichtet oder sie sogar ablehnt.

Es ist nur zu begrüßen, wenn WOLFSON in einer Reihe von Fällen den gestellten thematischen Rahmen (hydrothermale L.) überschreitet und die Probleme allgemeiner, in der Gesamtsicht des postmagmatischen Ablaufs, abhandelt. Nur so ist es möglich, die Beziehungen hochtemperierter hydrothermaler Lagerstätten zu pneumatolytischen, Skarn- und Greisenlagerstätten darzustellen. Bekanntlich ist es noch keineswegs selbstverständlich, welche Lagerstätten zu den hydrothermalen zu rechnen sind. Sind es nur solche Lagerstätten, die durch aufsteigende, aus dem Magma stammende Lösungen gebildet werden? Oder auch solche, die aus nichtmagmatischen mineralisierten Wässern stammen und sich oft nicht von hydrothermalen unterscheiden? Sollte man mit A. MAUCHER beide nicht besser als „hydatogene" (ohne nähere Bestimmung der Genesis) bezeichnen? Wenn man mit den sowjetischen und anderen Geologen hydrothermale Lagerstätten als solche definiert, die „aus heißen wäßrigen Lösungen entstanden sind, die sich von erkaltenden magmatischen Massen abteilten und aus der Tiefe in höher gelegene Horizonte der Erdkruste vordrangen" (WOLFSON), werden offensichtlich die pneumatolytischen — nach dem Vorschlag von S. S. SMIRNOW (1947) — in diese Lagerstättengruppe einbezogen.

Die geologischen Untersuchungen in aller Welt haben gezeigt, daß industriell nutzbare Lagerstätten auf hydrothermalem Wege nur dann entstehen, wenn die erzzuführenden disjunktiven Störungen im Vererzungsstadium die Oberfläche nicht erreichen, von Gesteinen überdeckt werden, die erzfrei sind und selbst bei oberflächennahen Verhältnissen mehrere hundert Meter Mächtigkeit besitzen (Ausnahme: gewisse Quecksilber-Lagerstätten!). WOLFSON betrachtet daher vor allem hydrothermale (postmagmatische) tiefe Lagerstätten.

Eine der am schwierigsten zu beantwortenden Fragen bei der Untersuchung hydrothermaler Lagerstätten ist die nach der Herkunft der Lösungen. Genetische Beziehungen zu Intrusivgesteinen stehen in einer Reihe von Fällen außerhalb jedes Zweifels, da sie direkt beobachtet werden können. Die Tatsache jedoch, daß sich derartige Beziehungen nicht in allen Fällen feststellen oder in die sog. Batholit-Konzeption EMMONS einordnen lassen, führte entweder dazu, daß neue Hypothesen (HULIN 1929, HOLMES 1937, LOCKE 1926 und 1934) aufgestellt wurden, in denen ein gemeinsamer Ursprung aus der Basalthülle und als Zufuhrkanäle übertiefe Brüche in der Erdrinde angenommen wurden, oder zur

Granitisierungstheorie, d. h. Tiefenmetamorphose, oder exogenen Entstehung, zurückgegriffen wurde.

In dieser Hinsicht hat die sowjetische geologische Schule große Erfolge aufzuweisen. Durch das eingehende Studium der meist komplizierten und mehrstadienhaften Entwicklungsgeschichte der Lagerstätten, die Bestimmung der zeitlichen Abfolge der Intrusionen, tektonischen Entwicklung und insbesondere der jüngeren Gesteinsgänge und ihrer Beziehungen zur Vererzung wurden bereits bestimmte Gesetzmäßigkeiten von großer Tragweite ermittelt. Dabei wurden die Bedeutung und zeitliche Stellung der intrusiven Gesteinsnachschübe zur Vererzung geklärt. Wenn heute auch nicht gesagt werden kann, daß hydrothermale Lösungen — allgemein gesprochen — stets unmittelbare Produkte magmatischer Körper sind, steht jedoch fest, daß sie beide einem gemeinsamen Herd entstammen.

Unter diesem Gesichtspunkt — nach ihrem Verhältnis zu intrusiven Bildungen — gliedert WOLFSON die hydrothermalen Lagerstätten in drei Gruppen:

1. Die Verbindung hydrothermaler Vererzung zu bestimmten magmatischen Körpern kann einwandfrei bewiesen werden. Es handelt sich um Bildungen eines frühen Stadiums (d. h. bei hohen Temperaturen), die sich im oder in der Nähe des magmatischen Gesteins absetzten.

2. Die Verbindung hydrothermaler Vererzung zu bestimmten magmatischen Körpern ist zwar nicht eindeutig, in den betr. Lagerstättenbezirken stehen jedoch intrusive Gesteine an, die durch einen gemeinsamen magmatischen Zyklus mit der Vererzung verbunden sind. Es handelt sich um hydrothermale Lösungen, die sich während eines späten Stadiums aus dem magmatischen Herd abteilten (d. h. bei mittleren Temperaturen) und in der Nähe intrusiver Gesteine absetzten.

3. Hydrothermale Lagerstätten, bei denen eine Verbindung zu magmatischen Körpern nicht nachgewiesen werden kann, d. h., in den betr. Lagerstättenbezirken stehen keine intrusiven Gesteine an. Hier handelt es sich um späte Abscheidungen aus dem magmatischen Herd, die sich weit vom Ort ihrer Entstehung entfernten und in Sedimentgesteinen zum Absatz kamen.

Dieses geologische Kriterium ist — wie WOLFSON hervorhebt — zwar wichtig, für eine Klassifizierung hydrothermaler Lagerstätten jedoch nicht erschöpfend. Es müssen noch andere allgemeine Kriterien überprüft und evtl. herangezogen werden.

Die Zusammensetzung des Nebengesteins hat ebenfalls große Bedeutung, da jedoch hydrothermale Lagerstätten in allen Gesteinen auftreten können, müßten soviel Lagerstättentypen wie petrographisch verschiedene Gesteine unterschieden werden.

Der Mineralbestand des Erzes würde als Unterscheidungsmerkmal ebenfalls soviel Lagerstättentypen schaffen, wie es unterschiedliche Erze der verschiedenen Metalle gibt. Dieses Kriterium ist offensichtlich eher geeignet, Grundlage der Lagerstättengruppierung für ein bestimmtes Metall zu sein.

WOLFSON zieht daher nur die Zusammensetzung des hydrothermal veränderten Nebengesteins zur Gliederung der hydrothermalen Lagerstättentypen heran. Er unterscheidet sieben Typen:

I — Vergreisenung des Nebengesteins
II — Verskarnung des Nebengesteins
III — Beresitisierung bzw. Chloritisierung (auch der Feldspäte u. a.)
IV — Verquarzung
V — Serizitisierung
VI — Dolomitisierung der Karbonatgesteine, leichte Serizitisierung und Verquarzung der Silikatgesteine
VII — Propylitisierung des Nebengesteins

Aus diesen Gruppen und Typen besteht die von WOLFSON vorgeschlagene Klassifikation hydrothermaler Lagerstätten.

*

Von den zahlreichen von WOLFSON behandelten Fragen zur Mineralbildung bei postmagmatischen hydrothermalen Prozessen sind für uns gegenwärtig vor allem seine Ausführungen zu den Skarnen interessant, in denen selbstverständlich die grundlegenden Untersuchungen KORSHINSKIJs eine große Rolle spielen. Ebenso lebendig sind die Darlegungen zum Problem der zonalen Mineralverteilung in Lagerstätten geschrieben. Sie beginnen mit einer Konfrontierung der EMMONSschen Anschauungen mit denen S. S. SMIRNOWs, geben kritisch die Forschungsergebnisse A. G. BETECHTINs und anderer sowjetischer und nichtsowjetischer Forscher wieder. Alle diese Untersuchungen haben immer häufiger auf die Methoden und Ergebnisse anderer (der sogen. exakten) Wissenschaften zurückgegriffen und dadurch erhöhte Beweiskraft erhalten.

In diesem Zusammenhang ist es nicht unangebracht, an jene Versuche und Berechnungen zu erinnern, mit denen die Löslichkeit der Stoffe untersucht wurde, um den Mechanismus ihrer Absonderung im magmatischen Herd, die Formen und Möglichkeiten ihres Transportes und ihr Ausfällen aus den Lösungen beurteilen zu können. Bekanntlich stützten sich diese Berechnungen am Anfang vor allem auf die Gesetze der Thermodynamik.

VERHOOGEN (1938), KAPUSTINSKIJ (1940) u. a. wiesen unter anderem auf diesem Wege die unwahrscheinlich geringe Löslichkeit von Sulfiden nach. GARRELS (1944) teilte mit, daß bei so geringer Löslichkeit der Sulfide für den Absatz einiger Tonnen Kupfer (in Sulfidform) aus schwachsauren Lösungen kolossale Lösungsmengen eine Kluft durchströmen müßten, eine Menge, die dem Inhalt des Mittelmeeres gleichkäme. Diese Tatsachen zwangen schon frühzeitig W. LINDGREN u. a. namhafte Geologen, kolloidalen Lösungen eine überragende Rolle bei der Erzbildung zuzuschreiben. Dazu mußte jedoch angenommen werden, daß sich solche Lösungen bei Beginn des Erzbildungsprozesses, d. h. der Abscheidung der Lösungen aus den magmatischen Massen, bildeten. Das war wiederum sehr unwahrscheinlich. In den folgenden Jahren wurde in vielen Ländern an der Lösung dieses Widerspruchs gearbeitet und dabei eine Reihe interessanter Ergebnisse erzielt.

Kolloidale Lösungen waren zweifellos oft am Erzbildungsprozeß beteiligt, dafür sprechen die Strukturen vieler Erze. Für einen Transport auf weite Entfernungen sind sie jedoch nicht geeignet. Vor wenigen Jahren wurde nunmehr nachgewiesen (OLSCHANSKIJ 1958), daß die Berechnungen VERHOOGENs unrichtig waren, weil er von unrichtigem (zu sehr vereinfachtem) Ionenbestand der Lösungen ausgegangen war. In Wirklichkeit ist die Löslichkeit der Sulfide 1000 Millionen mal größer.

Interessant und lehrreich ist auch die von WOLFSON vorgenommene Analyse der theoretischen Grundlagen, die zu SULLIVANs Sublimationstheorie führten. Obwohl dieser seine Schlußfolgerungen auf den Schmelztemperaturen der Metalle aufbaut, annimmt, daß diese orientierungsmäßig mit der DEBAYE-Temperatur (bei der die Atome der Kristallstruktur in Schwingung geraten) zusammenfallen, die Entropie der Minerale im Erz und Gestein nach der Temperaturskala für die Bildung von Oxyden von RANKAMA bestimmt und diese mit der Bildungstemperatur der Minerale in der Erde verbindet, außerdem noch die Größe der Elektropotentiale der Elemente berücksichtigt — obwohl SULLIVAN somit einen nicht unbedeutenden wissenschaftlichen Apparat in Bewegung setzt, führt der große Aufwand nicht zum Erfolg, weil er nicht auf die tatsächlichen geologischen Verhältnisse der Lagertätten und die in der Tiefe abgelaufenen chemischen Prozesse bezogen wird, ja diese Prozesse in diesem Zusammenhang überhaupt nicht untersucht werden.

*

WOLFSON hat sein Buch flüssig und interessant geschrieben, er vermittelt eine erstaunliche Fülle an Material und wissenschaftlicher Information. Die stets auf den Kern des Problems gerichtete Darlegung, die bezwingende Logik der Analyse sowie die eigene eindeutige Stellungnahme des Verf. zu den strittigen Fragen sind Vorzüge, die leider auch in sowjetischen geologischen Veröffentlichungen häufig vermißt werden.

Besonders wertvoll sind die im Buch verstreuten Schlußfolgerungen (zu den einzelnen Themen) für die Praxis der Suche und Erkundung. Im Buch stören die zahlreichen Druckfehler, die durch die eingehefteten „Berichtigungen" auch nicht annähernd erfaßt werden. Geradezu peinlich werden sie im Literaturverzeichnis, bei dem nichtrussische Titel mit konstanter Hartnäckigkeit fehlerhaft angegeben werden. Den Wert des Buches und die Leistung des Verf. können diese Unzulänglichkeiten natürlich nicht mindern.

WOLFSONs Buch ist für den praktischen Geologen mehr als eine ausgezeichnete Einführung in die Problematik der

Lagerstättenuntersuchung. Es sollte zu seinem Pflichtstudium gehören; denn nur wenn diese Problematik erkannt ist und an ihrer Lösung während der Erkundung gearbeitet wird, werden wir in unserer Lagerstättenerkundung den Schritt vom Formalen zum Schöpferischen tun, werden wir über detaillierte Untersuchungen und Forschungen aufgeschlossener Objekte verfügen, die — bei entsprechender Vielzahl — allein Grundlage für wissenschaftliche Verallgemeinerungen und Schlußfolgerungen sein können, der einzige Weg, um die Suche und Erkundung bei uns auf wissenschaftliche Basis stellen zu können und sie auf höherem Niveau als bisher durchzuführen.

Prof. Dr.-Ing. habil. OSCAR OELSNER zum Gedächtnis

Nach kurzer, sehr schwerer Krankheit, aber dennoch völlig unerwartet, ist Prof. Dr.-Ing. habil. OSCAR W. OELSNER, Direktor des Instituts für Mineralogie und Lagerstättenlehre an der Bergakademie Freiberg, am 13. August 1963 verschieden. Mit ihm hat die deutsche Wissenschaft einen Menschen verloren, der wie kein Zweiter für die Entwicklung der montangeologischen Forschung in der Deutschen Demokratischen Republik gelebt und gearbeitet hat. Besonders die Sicherung der geologischen Vorratsbasis des Erzbergbaus in unserer Republik ist untrennbar mit seinem Namen verbunden. Ebenso groß ist sein Verdienst als Lehrer einer jungen Generation von Praktikern und Hochschullehrern für die geologische Erkundung und wissenschaftliche Bearbeitung montangeologischer Probleme.

Prof. Dr. OELSNER wurde am 13. Februar 1902 in Trier geboren. Bereits während des Besuches der Drei-Königs-Schule in Dresden (zusammen mit dem gleichfalls kürzlich verstorbenen Prof. Dr. E. TRÖGER, Freiburg, und mit Dr. H. REH, Jena) wurde sein mineralogisch-geologisches Interesse geweckt. Nach einjähriger Tätigkeit im sächsischen Steinkohlenbergbau in Oelsnitz begann er 1922 sein Bergbaustudium an der Bergakademie Freiberg. Nach Abschluß des Studiums promovierte der junge Bergingenieur 1929 bei Prof. SCHUMACHER mit der Arbeit „Beiträge zur Kenntnis der kiesigen Bleierzformation Freibergs". Von 1928 bis 1939 war Dr. OELSNER als Montangeologe und Gutachter im Chrom- und Manganerzbergbau der Türkei tätig. Seit 1939 widmete sich der Verstorbene vor allem der Untersuchung des Erzgebirges, seiner Metallführung und Tektonik, der Genesis der verschiedenen Erzformationen, der zweckmäßigen Erkundung der Lagerstätten und Gewinnung ihrer Vorräte. Dr. OELSNER wurde 1952 als Professor mit Lehrauftrag für das Fachgebiet Lagerstättenkunde an die Bergakademie Freiberg berufen, 1954 zum Professor mit vollem Lehrauftrag ernannt und 1956 als Professor mit Lehrstuhl berufen. Im Jahre 1959 übernahm er als Direktor die Leitung des Instituts für Mineralogie und Lagerstättenlehre. Von 1959 bis 1961 hatte Prof. OELSNER das Amt des Rektors der Bergakademie Freiberg inne. Ein über alle Maßen arbeitsreiches und erfolgreiches Leben!

Prof. Dr. OELSNER hat — besonders in den letzten 15 Jahren — weder Gesundheit noch Kräfte gescheut, um als Lehrer und Erzieher seinen Studenten die Problematik der Lagerstättenbildung nahezubringen, als Gutachter seine wohlfundierte Meinung zu zahlreichen Erkundungsvorhaben niederzulegen, in zahllosen Arbeitskreisen, Arbeitsgemeinschaften, wissenschaftlichen Räten und Kommissionen Grundlagen für die Entwicklung der Geologischen Erkundung in der DDR und der Montangeologie zu schaffen und seinen jüngeren und älteren Kollegen mit Rat und Tat zur Seite zu stehen.

Eine umfassende Würdigung der wissenschaftlichen Arbeiten Prof. Dr. OELSNERS muß einer späteren Darstellung vorbehalten bleiben. Der Kreis seiner Untersuchungen zieht sich von Problemen der Paragenese und Genese pegmatitischer, pneumatolytischer, hydrothermaler und submarin-sedimentärer Lagerstätten (wobei er sich für deren Lösung vor allem der Erzmikroskopie, der Spurenelementführung und gangtektonischer Untersuchungen bediente) über erkundungsmethodische Fragen bis zu Untersuchungen über die Bewertung von Erzlagerstätten und die Berechnung ihrer Vorräte. Ausgangs- wie Endpunkt der von ihm und an seinem Institut in Angriff genommenen Forschungsarbeiten waren immer die Probleme der Praxis. Sein Rat war in allen Fachgremien sehr geschätzt. Wir alle werden ihn in Zukunft schmerzlich vermissen.

Als Mitglied des Geologischen Rates der Staatlichen Geologischen Kommission hat er wesentlichen Anteil am Gelingen vieler Kartierungs- und Erkundungsarbeiten, als Mitglied der Zentralen Vorratskommission leistete er einen wesentlichen Beitrag bei der industriellen Einschätzung der Lagerstätten und ihrer Perspektiven, als Mitglied des Redaktionsbeirates der „Zeitschrift für angewandte Geologie" gab er manchen guten Hinweis und Rat für die Entwicklung dieses Publikationsorgans.

Prof. Dr. OELSNER wurde 1957 für seine vielfältigen Verdienste mit dem Ehrentitel „Verdienter Bergmann der Deutschen Demokratischen Republik" und im Jahre 1962 mit dem Vaterländischen Verdienstorden in Silber ausgezeichnet. 1963 verlieh ihm die Geologische Gesellschaft in der DDR die SERGE-von-BUBNOFF-Medaille.

Wir müssen Abschied nehmen von einem Menschen, für den die Arbeit inneres Bedürfnis war, der selbstlos gearbeitet hat und uns immer dort mit Rat und Tat zur Seite stand, wo sie am nötigsten gewesen sind. Wir ehren Prof. Dr. OELSNER, diesen geraden und grundehrlichen Menschen, zuverlässigen Freund, klugen Kollegen und weitblickenden Genossen am besten, indem wir in seinem Sinne weiterarbeiten und damit unseren gemeinsamen Ideen, Zielen und Aufgaben zum Siege verhelfen.

STAATLICHE GEOLOGISCHE KOMMISSION
DER DDR

ZENTRALE VORRATSKOMMISSION
FÜR MINERALISCHE ROHSTOFFE
DER DDR

Kollektive Chefredaktion der
ZEITSCHRIFT FÜR ANGEWANDTE GEOLOGIE

Besprechungen und Referate

Ingenieurgeologische Karten

In den letzten drei Jahren wurden mehrere Ingenieurgeologische Karten durch die Staatliche Kommission bearbeitet und ausgedruckt. Sie liegen im Vertrieb des Zentralen Geologischen Instituts, Berlin N 4, Invalidenstr. 44, vor und können in beschränktem Umfange „für den Dienstgebrauch" abgegeben werden. Es handelt sich um folgende Karten:

1. Ingenieurgeologische Karte der Stadt Berlin — Stadtbezirk Mitte im Maßstab 1:4000

Autor: J. RÖBLING, hydrologischer Teil unter Mitarbeit von G. TAMM.
Erscheinungsjahr: 1960; Preis DM 50,—.
Die Karte besteht aus: Dokumentationskarte, Geologische Karte, Baugrundkarte, Karte der Höchstwasserstände.
Ein kurzer Erläuterungstext beschreibt die ingenieurgeologischen Verhältnisse im kartierten Gebiet.

2. Ingenieurgeologische Situationskarte des Kreises Bernburg im Maßstab 1:50000

Autoren: H. BRÜHL, H. KAMMHOLZ & M. KNOTH.
Erscheinungsjahr: 1960; Preis DM 25,—.
Es handelt sich um eine Ein-Blatt-Karte.
Die beigegebene Erläuterung gibt in zusammengefaßter Form eine ingenieurgeologische Einschätzung über die geologischen Schichtfolgen.

3. Ingenieurgeologische Spezialkarte Autobahn Berlin—Rostock (Abschnitt Güstrow) im Maßstab 1:25000

Autoren: G. BACHMANN, K. MARQUARDT & F. REUTER mit einem Beitrag von H. KADO.
Erscheinungsjahr: 1962; Preis DM 40,—.
Die Karte besteht aus: Aufschlußkarte, Geologische Karte, Baugrundkarte, Karte der Ingenieurgeologischen Einheiten.
Ein ausführlicher Erläuterungstext, im Anhang mit sämtlichen Schichtenverzeichnissen der Bohrungen und einigen Angaben über Laboratoriumsuntersuchungen, vervollständigt das Kartenwerk.

4. Ingenieurgeologische Detailkarte der Stadt Ilmenau im Maßstab 1:5000

Autoren: J. WIEFEL & J. JUNGWIRTH (Geologischer Teil).
Erscheinungsjahr: 1962, Preis DM 80,—.
Die Karte besteht aus: Aufschlußkarte, Geologische Karte, Baugrundkarte, Wasserkarte, Karte der Ingenieurgeologischen Einheiten.
Die der Karte beigegebene Erläuterung beschäftigt sich ausführlich mit den ingenieurgeologischen Verhältnissen des aufgenommenen Blatts, die für die einzelnen Blätter erläutert werden.
Im Anhang findet sich eine umfangreiche Aufschlußkartei, in der die zahlreichen Schürfe, Bohrungen, Steinbrüche und natürlichen Aufschlüsse beschrieben worden sind.
Als Anlagen sind ein Verzeichnis der Brunnen, eine Liste der im Stadtgebiet vorliegenden ingenieurgeologischen Begutachtungen, eine Tabelle über bodenphysikalische Untersuchungen sowie mehrere Tabellen zur Erläuterung der Baugrundkarte vorhanden.

5. Ingenieurgeologische Detailkarte der Stadt Bad Frankenhausen im Maßstab 1:5000

Autoren: G. BACHMANN & F. REUTER, mit einem Beitrag von G. HERZOG.
Erscheinungsjahr: 1962; Preis DM 70,—.
Die Karte besteht aus: Aufschlußkarte, Geologische Karte, Baugrundkarte, Grundwasserkarte, Karte der Ingenieurgeologischen Einheiten.
In einer Erläuterung sind die Baugrund- und Untergrundverhältnisse behandelt worden, die in Ergänzung zu den Karten eine ingenieurgeologische Einschätzung für das gesamte Stadtgebiet zulassen.
Weiter sind alle Schichtenfolgen der Aufschlüsse und die durchgeführten Laboratoriumsuntersuchungen darin enthalten.

6. Ingenieurgeologische Spezialkarte Pumpspeicherwerk Trebitz bei Wettin im Maßstab 1:10000

Autoren: G. BACHMANN & F. REUTER.
Erscheinungsjahr: 1962; Preis DM 45,—.
Die Karte besteht aus: Aufschlußkarte, Geologische Karte, Baugrundkarte.
In einer Erläuterung wurde zunächst ein Überblick über den geologischen Bau des Gebiets gegeben. Weiterhin wird unter Berücksichtigung der Hydrogeologie und der geologisch-physikalischen Vorgänge eine ingenieurgeologische Bewertung des Geländes und der Gesteine des Untergrunds vorgenommen.
Die Ergebnisse der durchgeführten Laboratoriumsuntersuchungen, Hinweise auf Baustoffe sowie die Schichtenverzeichnisse aller Aufschlüsse vervollständigen diesen Text.

7. Ingenieurgeologische Detailkarte der Stadt Leipzig — Stadtzentrum — im Maßstab 1:5000

Autor: D. HÄNDEL.
Erscheinungsjahr 1962; Preis DM 70,—.
Die Karte besteht aus: Aufschlußkarte, Geologische Karte (Auffülle abgedeckt), Baugrundkarte, Wasserkarte, Karte der Ingenieurgeologischen Einheiten.
Die dazugehörige Erläuterung bringt eine Einschätzung der Ingenieurgeologischen Einheiten.
Schichtenverzeichnisse von ausgewählten Bohrungen sowie Anlagen und Tabellen geben weitere Auskünfte über den Aufbau des kartierten Gebiets. BACHMANN

FATHI HABASHI

Correlation between the uranium content of marine phosphates and other rock constituents

„Economic Geology", vol. 57 (1962); pp. 1081—1084

Von verschiedenen Autoren wurden in den letzten zehn Jahren Beziehungen zwischen dem Urangehalt und der chemischen Zusammensetzung von Phosphoriten und Apatit untersucht und dabei bestimmte Korrelationen zwischen der Konzentration von Uran einerseits und dem Gehalt an P_2O_5, an kohliger Substanz und an CO_2 andrerseits ermittelt.

In der vorliegenden Arbeit werden in acht Phosphatproben verschiedener Fundorte (Florida, Marokko, Israel u. a.) der polarographisch ermittelte Urangehalt mit dem allgemeinen Chemismus des Materials verglichen. Dabei wurde erneut die Beobachtung bestätigt, daß die Konzentration von U mit zunehmendem P_2O_5-Gehalt ansteigt. Außerdem konnte festgestellt werden, daß zwischen den Gehalten an U und SO_3 eine umgekehrte Proportionalität besteht. Diese Gesetzmäßigkeit wird folgendermaßen gedeutet: Der Sulfatanteil ist im wesentlichen auf die Oxydation von Pyritbeimengungen zurückzuführen. Je mehr SO_3 bei dieser Oxydation entsteht, um so mehr Uran wird aus dem Phosphatmaterial herausgelöst (Bildung leichtlöslicher Uran-Sulfate). Die damit verbundene Verarmung an Uran kann möglicherweise bereits während der Sedimentation erfolgen.

E. HARLASS

KOROLEW, D. F. & A. K. MIGUTA

Über die Verteilung von Uran in Sandsteinen

„Geol. rudn. mestor.", Nr. 6 (1961); S. 72—78

Es wird ein Uranvorkommen beschrieben, das an tertiäre und quartäre Sedimentgesteine gebunden ist. Das insgesamt 150 m mächtige Profil der känozoischen Sedimente beginnt mit einem Horizont aus Sandsteinen und Aleurolit-Schichten; darauf folgen ein kohleführender Argillit-Horizont (mit 3 Braunkohleflözen) und schließlich Kiese und rezente Tone. Linsenartige Erzkörper mit disperser Uranmineralisation treten sowohl in den oberoligozänen Sandsteinen als auch in den (gleichfalls oberoligozänen) Braunkohlen auf.

Einer detaillierten Betrachtung werden die Urankonzentrationen des liegenden Sandsteinhorizonts unterzogen. Die untersuchten Gesteine sind nur in geringem Maße sortierte Arkose-Sandsteine mit einem geringen Anteil tonigen Bindemittels. Die Uranverteilung wurde an 12 Proben aus zwei benachbarten Bohrungen untersucht. Der Urangehalt in diesen Proben schwankt zwischen 0,0016 und 0,14% (Durchschnitt: 0,035%) und zeigt keine Abhängigkeit von der granulometrischen Zusammensetzung der Proben. Untersucht man jedoch die Verteilung des Urans auf die einzelnen Korngrößenfraktionen innerhalb ein und derselben Probe, so zeigt sich, daß die Konzentration in den aleurolitischen und besonders in den tonigen Fraktionen deutlich ansteigt (eine Tatsache, die für alle faziellen Typen terrigener Gesteine gut bekannt ist). Gleichzeitig wurde noch eine andere Gesetzmäßigkeit festgestellt: Bei erhöhtem Gesamtgehalt an Uran in den Proben steigt auch dessen Konzentration in den sandigen Fraktionen dieser Proben.

Innerhalb der sandigen Fraktionen ist Uran vor allem an kohlige Substanz sowie an Feldspatkörner und Gesteinspartikel gebunden. Da die kohlige Substanz an der Zusammensetzung der Fraktionen nur mit n · 0,01 Vol.-% beteiligt ist, beträgt der Metallanteil in der kohligen Substanz innerhalb der einzelnen Fraktionen nur maximal 5% der gesamten Metallmenge einer jeden Korngrößenfraktion. Die überwiegende Metallmenge ist demnach an Feldspat und die Gesteinspartikel gebunden. Mikroradiographische Untersuchungen und Auslaugungsversuche (mit Soda-Lösungen) lassen vermuten, daß Uran von tonigen Umwandlungsprodukten der Feldspäte und der Gesteinspartikel sorbiert wird. E. Harlass

Alfred, G. H.

How to evaluate mud logs in the Anadarko basin

„Oil & Gas J.", 60. Jg. (1962), Nr. 48, S. 116—119

Die laufende Registrierung des Gehalts der Bohrspülung an brennbaren Kohlenwasserstoffen („mud logging" = Gaslog) hat sich im Anadarko-Becken als wertvolles Mittel zur Einschätzung der zu erwartenden Gas-, Öl- oder Wasserproduktion schon während des Bohrens erwiesen. Neben der kontinuierlichen Registrierung des Gasgehalts durch selbstschreibende Geräte dient hierzu besonders das Gaslog, bei dem ein Beobachter laufend Gasproben entnimmt und gaschromatographisch auf ihre Zusammensetzung (Methan, Äthan, Propan, Butan, Pentan) untersucht. Zur Auswertung der erhaltenen Ergebnisse werden weiterhin herangezogen: der fortlaufend gemessene Bohrfortschritt (relativ größte Bohrfortschritte in den Zonen höchster Porosität), der Kohlenwasserstoffgehalt des Bohrkleins (zunehmende Werte deuten im allgemeinen auf abnehmende Permeabilität, also geringe Förderleistung) sowie sichtbare Ölanzeichen in der Bohrspülung. — Charakteristisch für gasproduzierende Schichten sind hoher Bohrfortschritt und hoher Gasgehalt der Spülung mit Vorherrschen von Methan und kleinstem Pentangehalt, geringer Kohlenwasserstoffgehalt des Bohrkleins. Erhöhte Butangehalte in der Spülung lassen eine Kondensatlagerstätte erwarten. Ölproduzierende Schichten zeigen ebenfalls hohen Bohrfortschritt und hohen Gasgehalt der Spülung, wobei aber Pentan stärker vorhanden ist; im Bohrklein läßt sich dann meist auch Hexan nachweisen. Keine Produktion wegen zu kleiner Permeabilität ist zu erwarten, wo mäßiger Bohrfortschritt mit mäßigem bis hohem Kohlenwasserstoffgehalt des Bohrkleins zusammenfällt. Wasserproduktion kann, wenn keine anderweitigen Anzeichen dafür sprechen, sicher aus Salzanreicherung in der Spülung gefolgert werden. K. Lehnert

Pettijohn, F. J.

Paläoströmung und Paläogeographie

„Bull. Amer. Ass. Petrol. Geol.", Tulsa, Bd. 46 (1962); H. 8, S. 1468—1493, 15 Abb., 2 Tab.

Es werden Kriterien untersucht, aus denen die Richtung des Sedimenttransports hervorgeht und die sich zur Konstruktion von paläogeographischen Karten verwenden lassen. Am besten eignen sich Kreuzschichtung, lineare Fließmarken und das Maximalkorn konglomeratischer Ablagerungen. Zusätzlich können Rippelmarken, Kornorientierung und Schwermineralverteilung herangezogen werden. Daraus lassen sich Schichtstreichen, Neigung der Ablagerungsfläche, Uferlinie und Strukturachse des Beckens konstruieren. Aus dem Maximalkorn der klastischen Sedimente kann nach dem Gesetz von Sternberg auf die Transportweite geschlossen werden, wenn eine vernünftige Angabe über die Ausgangsgröße des detritischen Materials vorliegt. Da es ein logarithmisches Gesetz ist, sind Fehler in den Ausgangsbedingungen nicht schwerwiegend. Paläontologische Bestimmungen helfen bei der Festlegung der Uferlinie, die dann petrographisch extrapoliert werden kann. Sandkörper, die in Zonen maximaler Turbulenz entstehen, können sich quer zum Strom ausbilden, z. B. die küstennahen Sandbarren. Andere fluviatile Ablagerungen bilden längsgerichtete lineare Sandkörper. Diese Prinzipien werden angewendet, um als Ergebnis eine Analyse der Pocono-Schichten (Oberdevon) im Appalachischen Becken zu geben. Das Literaturverzeichnis enthält 142 Zitate. R. Meinhold

Kobranowa, B. N.

Die physikalischen Eigenschaften der Gesteine (Petrophysik)

„Gostoptechisdat", Moskau 1962; 490 S., 208 Abb., 60 Tab., 124 Lit.

Zum ersten Male wird in der Sowjetunion ein derart umfangreiches Werk als Ergebnis langjähriger Forschungsarbeit unter Einbeziehung einer großen Zahl westeuropäischer und amerikanischer Autoren veröffentlicht.

Fast alle Kapitel sind nach einem einheitlichen Plan geschrieben. Einleitend werden allgemeine Fakten der zu besprechenden Eigenschaft dargelegt: Bestimmung des Parameters, seine Maßeinheiten, Analyse von Ergebnissen theoretischer Messungen, Abhängigkeit von anderen Eigenschaften und physikalischen oder physikalisch-chemischen Bedingungen. Weiter werden die wichtigsten Eigenschaften der grundlegenden Gesteinstypen angeführt und allgemeine Meßmethoden und ihre Prinzipien schematisch dargestellt. Das Werk ist wie folgt untergliedert: 1. Dichte und Speichereigenschaften, 2. elektrische Eigenschaften, 3. magnetische Eigenschaften, 4. radioaktive Eigenschaften, 5. elastische Eigenschaften, 6. thermische Eigenschaften.

Es wurde auf Grund der laborativen Bestimmung der physikalischen Gesteinseigenschaften und der Ergebnisse geophysikalischer Bohrlochvermessungen die Natur der obenerwähnten Eigenschaften ausgearbeitet. Dazu gelangte zahlreiches statistisches Material über die Änderung dieser Eigenschaften unter Einwirkung künstlicher und natürlicher Faktoren zur Auswertung; jedoch konnte das so erhaltene Material nur teilweise verallgemeinert werden. Als Gründe werden die unzureichende Klassifikation der Gesteine und Fazies entsprechend ihrer physikalischen Eigenschaften und das Fehlen einer Systematik der Beziehungen zwischen den Gesteinseigenschaften angenannt.

Aus Gründen des Umfangs wurden nur die wichtigsten physikalischen Gesteinseigenschaften angeführt, deren Meßergebnisse unmittelbar in der Praxis angewendet werden können.

Keinen Niederschlag fanden Fragen wie: zeitweiliger Widerstand des Gesteins während des Bohrens, Härte des Gesteins, Eigenschaften der Gesteine, die als Grundlage von Aktivierungs-, Neutronen-, Photoneutronenanalysen und anderen dienen. Ebenfalls wurden bisher solche Fragen wie Möglichkeiten der Ausnutzung der Wärmeleitfähigkeit, der dielektrischen Permeabilität, der Elektrodenpotenziale, der Ausbreitungsgeschwindigkeit elastischer Wellen und anderer Eigenschaften zur Bestimmung von Mineralen nicht berührt.

Das Werk vermittelt trotz der aufgezählten Unzulänglichkeiten, die die verhältnismäßig junge Petrophysik aufweist, umfangreiche Kenntnisse über Natur, Formierungsprozesse und Messung der physikalischen Gesteinseigenschaften. Die festgestellten Beziehungen zwischen diesen Eigenschaften und den lithologisch-petrographischen Gesteinsmerkmalen machen es gerade für die Geophysik und Geologie unentbehrlich. K. Bentzko

Abel, I. B. & A. W. Kantakusen

Über die Verwendung von Natriumsilikatspülungen

„Erdölwirtschaft", H. 1 (1958); S. 21—26

Nach folgender Laborrezeptur werden Silikatspülungen hergestellt: 10—20% einheimischer Ton, 1% Glykoläther der Zellulose, 17% Wasserglas, 3% NaCl, 0,5% Soda und ca. 60% Wasser. Gegenüber reinen Tonspülungen, die auch mit KAL behandelt sein können, bringt diese Na-Silikatspülung einen Schutz des Bohrloches vor Einstürzen leicht zerstörbarer, bröckelnder Tonschichten, selbst bei Bohrlochneigungen von 45—60°.

Reine Ton-Silikatspülungen haben gegenüber den salzhaltigen geringere Viskositäts- und Thixotropiewerte. Auch kann zur Ton-Silikatspülung beim Festziehen des Bohrstranges ohne weiteres Öl emulgiert werden. Die Vorteile dieser Spülungen konnten an Hand von 2 Bohrungen in Tuimasa nachgewiesen werden.

Tonfreie Silikatspülungen ersparen den Einsatz des Tons, führen aber zu höheren Wasserabgaben. Sie sind gegen Laugeneinbrüche hinreichend beständig, verschlechtern aber bei Calciumsalzen ihre Spülungsmeßwerte. Der Einsatz von beschwerten Spülungen wird vorgesehen. B. Heyne

H. Beckmann

Einfluß der Spülung auf Bohrlochmessungen

„Erdoel-Zeitschrift",Wien, 79. Jg. (1963), Nr. 1, S. 10—25

Dem Spülungsfachmann wie dem eine Tiefbohrung betreuenden Geologen das notwendige Wissen über den Einfluß der Bohrspülung an sich und verschiedener oft vorkommender Spülungstypen (Ton-, Salz-, Kalk-, Gips-, Ölspülung u. a.) auf Bohrlochmessungen zu geben, ist das Anliegen dieses Aufsatzes. Zu diesem Zweck wird zunächst ein kurzer Überblick über die verwendeten Typen und die wichtigsten die Bohrlochmessungen beeinflussenden Eigenschaften von Bohrspülungen gegeben. Anschließend wird ausführlicher eine Reihe in Westdeutschland gebräuchlicher Bohrlochmeßverfahren behandelt (Akustiklog; Gamma- und Neutronlog; konventionelle, fokussierte und Mikro-Widerstandsmessungen; Stratamessung; SP-Log). Für diese Verfahren werden das physikalische Prinzip, die Meßanordnung, die Spülungsempfindlichkeit und die daraus resultierende Anwendbarkeit in bestimmten Spülungstypen beschrieben und durch Abbildungen und Meßbeispiele erläutert. — Bezüglich der in verschiedenen Spülungstypen anzuwendenden Bohrlochmeßprogramme wird geschlußfolgert, daß sich aus der Zahl der heute verfügbaren Verfahren in jedem Falle ein Programm zusammenstellen läßt, das die geologische Korrelation sowie die Porositäts-, Sättigungs- und Mächtigkeitsbestimmung interessierender Gesteinsfolgen ermöglicht. Das Problem besteht nur noch in der Auswahl der richtigen Verfahren. Vorbedingungen sind jedoch eine Spülung mit geringer Wasserabgabe, ein nicht zu dicker Filterkuchen und ein möglichst gut kalibriertes Bohrloch.
K. Lehnert

Changildin, G. N.

Über die Nomenklatur und die Eigenschaften von Tamponagezementen

„Neftjanoje chosjaistwo", Nr. 8 (1961)

Um die Güte der Zementationen von Bohrungen zu verbessern, ist die Ausarbeitung einer neuen GOST-Norm in Arbeit, bei der folgende Anforderungen zu berücksichtigen sind: Die Zementschlämme muß eine niedrige Viskosität besitzen, weshalb die Zugabe von plastifizierenden Zusätzen zu gestatten ist. Das spezifische Gewicht der Schlämme muß man nach den gewünschten Verhältnissen in einem großen Bereich variieren können. Der Einsatz von Zuschlagstoffen zur Verringerung des spez. Gewichts der Schlämme, wie Bentonit usw., ist vorzusehen.

Die Abbindezeiten, die z. Z. nur für „kalte" und „heiße" Bohrlöcher unterschieden werden, sind zu spezifizieren. In kalten Bohrlöchern sind Abbindebeschleuniger für Zemente mit sehr langen Abbindezeiten zu empfehlen.

Die Festigkeiten der verwendeten Zemente müssen genügend groß sein, um eine Wiederaufnahme der Bohrarbeiten nach 5—6 Stunden zu gewährleisten. Um diese Festigkeiten zu erreichen, sind dementsprechende Zusätze einzusetzen.

Der erhärtete Zement muß wasserundurchlässig und korrosionsbeständig sein. Zur Erhöhung der Korrosionsbeständigkeit sind dem Zement Schlacken u. ä. zuzusetzen.

Die Untersuchungsmethoden hinsichtlich der Fließfähigkeit und Abbindezeit der Schlämme entsprechen gegenwärtig nicht den Bedingungen, die im Bohrloch herrschen. Versteifungszeiten und die Konsistenz der Schlämme sind unter Bohrlochbedingungen, d. h. unter den jeweils im Bohrloch herrschenden Temperatur- und Druckbedingungen, zu bestimmen. K. Schulze

Rudi, W. P. & A. M. Madel'eil

Einfluß der Polyphosphate auf Tonsuspensionen

„Kolloid Journal", Bd. XXIII (1961); Nr. 2, S. 190—193

Der Einfluß von Polyphosphaten wird an Dolinsker Grubenton (Bereich Stanislaus) erprobt. Die Dichte der Spülung bleibt konstant bei 1,3 g/cm³ bei einem Zusatz von 0,25—3% Phosphat und einem pH-Wert von 9,5—10,5. Pyrophosphat und Na-Hexametaphosphat geben der Tonsuspension eine aggregative Beständigkeit. Gleichzeitig werden sie auf der Oberfläche des Tones absorbiert und erhöhen dessen Hydratation. Natriumtetraphosphat wirkt außerdem auf die Viskosität. Polyphosphate können viele schlechtlösliche anorganische Substanzen peptisieren. Eine Adsorption von Trinatriumpolyphosphat auf Montmorillonit ist bewiesen. Orthophosphat hat gegenüber den anderen Phosphaten einen geringen Einfluß auf die Viskosität. Außer den üblichen Spülungskomponenten werden die Potentialbestimmung und die optische Dichte zum Nachweis obiger Ergebnisse mit herangezogen. Der Verf. kann nachweisen, daß sich seine Ergebnisse mit den einschlägigen Veröffentlichungen decken. B. Heyne

Kissin, I. G.

Über die Dynamik tiefer wasserführender Horizonte des artesischen Beckens im östlichen Vorkaukasus

„Trudi laborat. gidrogeol. probl.", Bd. 48 (1962); S. 62 bis 81, 2 Abb., 4 Tab.

Besonderes Interesse besitzen die methodischen Hinweise dieser Arbeit. Die in den Bohrungen gemessenen Stauhöhen des Wassers geben kein richtiges Bild der tatsächlichen hydrodynamischen Verhältnisse, auch wenn eine Korrektur nach Salzgehalt und Temperatur (spezifisches Gewicht) erfolgte. Zum Vergleich sämtlicher gemessener Stauhöhen innerhalb eines Gebiets wird eine Vergleichsfläche gewählt. A. I. Silin-Bektschurin (1949) schlägt vor, diese Vergleichsfläche in den tiefsten aufgeschlossenen Punkt des Wassersystems zu legen und die Dichtezunahme mit der Tiefe als linear zu betrachten. Der Salzgehalt und somit das spezifische Gewicht des Wassers sind innerhalb eines artesischen Beckens sehr großen Änderungen unterworfen. Infolgedessen ergeben sich bei verschiedenen Höhen der Vergleichsfläche unterschiedliche dynamische Parameter. In Arbeiten der folgenden Jahre werden Vorschläge zur Verbesserung dieser Methode gemacht. I. K. Sertschaninow (1960) verzichtet schließlich auf eine Vergleichsfläche und vergleicht immer nur zwei Bohrungen miteinander. Die Methode ist nur brauchbar bei Untersuchungen innerhalb eines wasserführenden Komplexes. I. G. Kissin benutzt die Methode Sertschaninows, beim Vergleich mehrerer wasserführender Komplexe miteinander aber die Methode von Silin-Bektschurin.

Im nördlichen Vorkaukasus unterscheidet man im Mesozoikum drei wasserführende Komplexe (Jura, Unterkreide, Oberkreide) mit sehr ähnlichen hydrodynamischen Verhältnissen. Das Wasser bewegt sich von S nach N. Die Einzugsgebiete befinden sich am Nordabhang des Kaukasus, die Austrittsgebiete sind aber kaum bekannt. Durch hydrodynamische, hydrochemische und geologische Untersuchungen wird ein Überfließen des Wassers zwischen einzelnen wasserführenden Komplexen nachgewiesen. Dieser Vorgang vollzieht sich, bei entsprechendem Druckgefälle, auch durch Schichten, die im allgemeinen als „Wasserstauer" bekannt sind.

Die anomal hohen Schichtdrücke in einigen Teilen des Gebiets werden als Folge tektonischer Bewegungen betrachtet. E. Neumann

BLUMENZEW, A. M. & I. I. FELDMAN

Zu Fragen der quantitativen Bestimmung des Eisengehaltes von Erzen aus Ergebnissen kernphysikalischer Bohrlochmessungen

„Raswedotschnaja i promyslowaja geofisika" (1962), H. 46, S. 102—117

BLUMENZEW, A. M.

Bestimmung des Eisengehaltes von Erzen mittels neutronenphysikalischer Bohrlochmessungen

„Prikladnaja geofisika" (1962), H. 34, S. 241—251

In der ersten Arbeit werden vier in der Sowjetunion erfolgreich oder versuchsweise beschrittene Wege zur quantitativen Fe-Gehaltsbestimmung erbohrter Eisenerze mittels Bohrlochmessungen beschrieben:

1. aus der Gamma-Gamma-Messung unter Ausnutzung der mit steigendem Fe-Gehalt einhergehenden Dichtezunahme des Gesteins bzw. Erzes. Dieses von den Verf. empfohlene Verfahren setzt jedoch hinreichende Kenntnis der Mineralogie des Erzes und tauben Gesteins (sowie ein gut kaliberhaltiges Bohrloch, d. Ref.) voraus;
2. aus der „selektiven" Gamma-Gamma-Messung, d. h. getrennten Registrierung einer weichen und einer harten Komponente der gestreuten Gammastrahlung, da beide Komponenten unterschiedlich auf den Fe-Gehalt reagieren;
3. aus Neutron-Neutron-Messungen: Der Quotient aus den Dichten thermischer und epithermischer Neutronen charakterisiert die stark vom Fe-Gehalt abhängende Fähigkeit des Gesteins, Neutronen zu absorbieren;
4. aus spektralen Neutron-Gamma-Messungen, da der hochenergetische Bereich (über ca. 5 MeV) der beim Neutroneneinfang vom Gestein emittierten Gammastrahlung um so intensiver ist, je größer der Fe-Gehalt ist.

In der zweiten Arbeit werden die Möglichkeiten der Untersuchung von Fe-Gehalten durch neutronenphysikalische Messungen ausführlicher behandelt und durch Darstellung des Brems- und Einfangverhaltens von Gesteinen und Eisenerzen gegenüber Neutronen begründet. K. LEHNERT

REGLING, D. & R. VOSS

Die Bahn der drei Meere

(Mit einer Einführung von E. SALIN)

„Studien des List-Instituts", Reihe 10, Kyklos-Verlag, Basel, J. C. B. Mohr (Paul Siebeck), Tübingen 1963, 10 Abb., 13 Anl., DM 9,80

Das Gutachten eines Geologen und eines Bauexperten ist Bestandteil eines Forschungsprojekts der westdeutschen List-Gesellschaft. Wegen seiner allgemeinen Gültigkeit für derartige Arbeiten in den sog. Entwicklungsländern wurde das Gutachten veröffentlicht. Die Bahn stellt eine Verbindung der drei Meere (Mittelländisches Meer, Totes Meer und Rotes Meer) dar und hilft, den Südteil des Staates Israel (Wüste Negev) zu erschließen. Die Ausführungen sind für Ingenieurgeologen recht interessant, da aufgezeigt wird, welche Beziehungen zwischen der wirtschaftlichen Problematik und den geologischen Gegebenheiten bestehen.

Es steht als Aufgabe, die günstigste Trasse durch die Wüste Negev (60% des Staates Israel = 12215 km^2) vorzuschlagen. Die Notwendigkeit des Baues ergibt sich aus der bedeutenden Perspektive dieses Gebiets. An Bodenschätzen sind die Kalisalze im Bereich des Toten Meeres von besonderer Bedeutung. 1970 werden dort eine Million Jahrestonnen Kalisalze produziert werden. Die Herstellung von Bromsalzen soll 1966 10000 t betragen, dazu 20000 verschiedene Brompräparate. Die Produktion von Magnesit wird im Jahre 1965 75000 t erreichen. Weiterhin wird man im Bereich von Oron 1966 420000 t Phosphate mit einem Gehalt an P_2O_5 von 38% herstellen. Die Gewinnung von Glassanden wird 1965 40000 t und von Flint-Tonen für keramische Zwecke 1966 75000 t erreichen. Weitere wichtige Bodenschätze: Erdgas, Zementrohstoffe, Marmor, Eisen-, Mangan- und Kupfererze.

Für die Projektierung der Bahn liegen unzureichende Karten in den Maßstäben 1:250000 mit 100-m-Höhenlinien und im Maßstab 1:100000 mit 25-m-Höhenlinien vor. Darüber hinaus gibt es aus der Mandatszeit eine Luftaufnahme, die nicht entzerrt ist.

Jeder einzelne Streckenabschnitt wird beschrieben. Es werden die technischen Möglichkeiten (Art und Anzahl der nötigen Kunstbauwerke, Bauzeit usw.) vorangestellt. Es folgt eine geologische Beschreibung mit Vorschlägen für die Überwindung geologisch begründeter Schwierigkeiten. Anschließend findet man eine Kostenberechnung. Am Schluß des Gutachtens befinden sich Erläuterungen, Landschaftsbilder, Übersichtskarten des Bahnnetzes, topographische Übersichtsskizze, Längsprofil und Zusammenstellungen über die Streckenbaukosten und Bauzeiten. REUTER

Neuerscheinungen und Literaturhinweise

BONDARTSCHUK, W.

Die Tektonik der Karpaten

Verl. AN Ukrain. SSR, Kiew 1962; 113 S.

KAY, MARSHALL

Die Klassifikation des ordovizischen Systems in Nordamerika

Int. Geol. Congress. Report of the 21. Session Norden, Part VII, 1960.

KRASCHENINNKOW, G.

Fazies, genetische Typen und Formationen

Iswestija AN SSSR, 1962, 10 S.

SOKOLOW, B. u. a.

Stratigraphie, Korrelation und Paläogeographie der ordovizischen Ablagerungen der UdSSR

Int. Geol. Congress. Report of the 21. Session Norden, Part VII, 1960

Autorenkollektiv

Stratigraphie, Lithologie, Tektonik und physikalische Eigenschaften der Gesteine

Verl. Gostoptechisdat, Moskau 1950, 636 S.

STENGER, B.

Stratigraphische und gefügetektonische Untersuchungen in der metamorphen Taunus-Südrand-Zone (Rheinisches Schiefergebirge)

Abh. d. Hessischen Landesamtes für Bodenforschung, Wiesbaden 1961, 68 S.

Autorenkollektiv

Fragen der Methodik der Bemusterung von Erzlagerstätten bei der Erkundung und Ausbeutung

Gosgeoltechisdat, Moskau 1962, 221 S.

ZAPP, A.

Future petroleum producing capacity of the United States

Geol. Surv. Bull. 1142 — H., Washington 1962, 36 S.

TUGARINOW, A.

Methoden der absoluten Altersbestimmung von Gesteinen

Verl. Gosgeoltechisdat, Moskau 1961, 4 S.

WYSOZKIJ, B.

Die Luftbildmethode in der geologischen Forschung

Verl. Gosgeoltechisdat, Moskau 1962, 82 S.

Autorenkollektiv

Die seismische Tiefensondierung der Erdkruste in der UdSSR

Verl. Gostoptechisdat, Leningrad 1962, 494 S.

PARDAL, M. V.

Einige Betrachtungen zum gipsführenden Untergrund und seiner Beziehung zu öffentlichen Bauten

Informaciones y Estudios. Cimentaciones e informes geologicos. Boletin Nr. 4 (1958)

SKWORZOW, G. G., & L. I. ROMANOWSKAJA

Ingenieurgeologische Prognosen der Abbaubedingungen von Lagerstätten fester nutzbarer Bodenschätze

Gosgeoltechisdat, Moskau 1961, 82 S.

Nachrichten und Informationen

Die moderne geologische Theorie führt zu neuen Erfolgen der Praxis

In Heft 8/62 dieser Zeitschrift[1]) sind gewisse neue Anschauungen zur Genese der liquidmagmatischen Lagerstätte Norilsk mitgeteilt worden, die sich aus der sorgfältigen geologisch-mineralogischen Analyse aller vorliegenden Tatsachen ergaben. Es war abschließend der Wunsch geäußert worden, diese Methode auch bei uns stärker und intensiver zu pflegen und zu entwickeln, weil sie zweifellos zu neuen Erfolgen verhelfen kann.

Wie richtig dieser Gedanke war, beweist ein kürzlich in „Raswedka i ochrana njedr" veröffentlichter Aufsatz[2]). Die Autoren berichten, daß in günstiger Entfernung vom Norilsker Industriekombinat eine neue Ni-Cu-Lagerstätte bedeutenden Ausmaßes entdeckt wurde, die in ihren Grundzügen ein mit der Lagerstätte Norilsk übereinstimmendes Bild liefert. Daneben weist sie einige Besonderheiten auf, die eindeutig eine Bestätigung für die Richtigkeit der ROGOWERschen Anschauungen sind.

Besonders der südwestliche Lagerstättenteil ist in dieser Hinsicht interessant und bedeutungsvoll:

a) Olivinit und Troktolit — bisher im Bezirk unbekannte basische Gesteinsvarietäten — treten auf. Gleichzeitig fehlen die oberen (etwas saureren) üblichen Differentiate. Das Intrusionsprofil beginnt mit dem Olivin-Gabbrodiabas oder gar dem pikritischen Gabbrodiabas.

b) Zwischen diesen Differentiaten existieren scharf ausgeprägte Kontakte.

c) Vom vererzten Hauptdifferentiat — dem Olivinit — werden Abzweigungen beobachtet, die in andere Differentiate der Intrusion eindringen.

d) In mehreren Bohrungen wechselten im Profil die Pikrite und Olivinite zwei- und dreimal mit anderen Differentiaten.

e) Die Vererzung ist bemerkenswert stark vom Gesteinsbestand abhängig. Sie nimmt im allgemeinen mit der Basizität der Differentiate zu.

f) Hauptträger der Vererzung sind im Norden Pikrite und Taxite, im Süden Olivinite und Troktolite.

JEGOROW & SUCHANOWA kommen auf Grund der bisher vorliegenden Tatsachen zur Schlußfolgerung:

1. Die Talnacher Intrusion bildete sich zweifellos in mehreren Phasen, wobei im Tiefenherd differenziertes Magma zunehmend basischen Charakters intrudierte.

2. Gewisse Differentiate liegen zum Teil isoliert vom Hauptkörper des Intrusivs, was bei der Erkundung berücksichtigt werden muß.

3. In dieser Intrusion ist am deutlichsten die Beziehung der Verzung zu Gesteinen mit bestimmter Zusammensetzung und Struktur zu beobachten.

Komponente	Gehalt an Komponenten in den verschiedenen Gesteinen %			
	Amphibol-Peridotit	pikritischer Gabbrodiabas in Norilsk	Olivinit	pikritischer Troktolit mit Pyroxen
SiO_2	40,91	38,26	35.34	41,80
TiO_2	0,65	0,66	0,34	0,68
Al_2O_3	5,00	10,65	7,74	13,39
Fe_2O_3	4,64	5,65	8,17	4,33
FeO	7,97	10,24	8,29	10,42
MnO	0,07	0,16	0,16	0,15
MgO	30,82	18,93	26,35	15,27
CaO	4,41	6,86	4,20	9,00
Na_2O	0,58	0,97	0,89	1,87
K_2O	0,36	0,45	0,29	0,36
H_2O	4,56	5,44	7,74	2,02
P_2O_5	0,08	0,11	0,22	0,17

[1]) F. STAMMBERGER: „Ein beachtlicher Beitrag zum Studium der liquidmagmatischen Sulfidlagerstätte Norilsk."

[2]) JEGOROW, W. N. & E. N. SUCHANOWA: Die Talnacher erzführende Intrusion im Nordwesten der Sibirischen Tafel", Geologija rudnich mestoroshdenij. Heft 1, 1963 (russ.)

Die Entdeckung dieser neuen Lagerstätte ist nicht nur für den Bezirk Norilsk von großer Bedeutung. Man darf weitere Untersuchungsergebnisse — vor allem auch im Hinblick auf Verteilung und Konzentration der Hauptkomponenten Cu und Ni — mit Interesse erwarten, da sie zweifellos zu einer Bereicherung unserer Kenntnisse über diesen industriell so überaus bedeutungsvollen Lagerstättentyp führen werden.

F. STAMMBERGER

Erdöl/Erdgas

Westdeutsche Erdölförderung bis 1967
Vorausschätzungen des WEG

Die westdeutsche Erdölförderung belief sich 1962 auf 6776353 t. 1967 soll sie — nach einer Vorausschätzung des westdeutschen WEG (Wirtschaftsverband Erdölgewinnung) 7692630 t betragen, wobei für dieses Jahr ein Zuwachs aus Neuaufschlüssen von nicht weniger als 900000 t angesetzt ist und vorausgesetzt wird, daß die Aufschlußtätigkeit auch bei Fortfall des Zollschutzes ab 1964 nicht zurückgehen wird. Über die erwartete Entwicklung bis 1967 gibt der WEG (nach „Erdöl und Kohle", Hamburg, Febr. 1963) folgenden Überblick (in t):

Gebiet	Tatsächl. Förderg.	Voraussichtliche Förderung				
	1962	1963	1964	1965	1966	1967
Nördl. d. Elbe	743909	873450	1005400	1104900	1124300	1090600
Zw. Elbe u. Weser	2209409	2337355	2155700	1990500	1840000	1706150
Zw. Weser u. Ems	1624141	1793200	1890080	1860430	1783550	1691280
Westl. d. Ems	1772276	1872000	1863000	1880000	1912000	1860000
Oberrheintal	235408	246905	226400	206000	194550	182600
Alpenvorland	191210	258000	302900	295900	277400	262000
Zusammen	6776353	7380910	7443480	7337730	7131800	6792630
Zuwachs aus Neuaufschlüssen		20000	50000	200000	500000	900000
Insgesamt		7400910	7493480	7537730	7631800	7692630
Zuwachs gegenüber Vj.	571895	624557	92570	44250	94070	60830
in %	9,2	9,2	1,3	0,6	1,2	0.8

Diese Schätzungen übertreffen erheblich die Anfang 1962 gegebenen, welche betrugen:

	1962	1963	1964	1965	1966
Gesamtförderung	6750000	6887000	7037000	7057000	7118000

—Ha—

Die westdeutsche Erdgasförderung 1962

Die Erdgasgebiete in Bayern und im Emsland haben 1962 eine Steigerung ihrer Förderung erzielt, welche die westdeutsche Gesamtförderung gegen 1961 um 28,1% zunehmen ließ. Mit einem Zuwachs von 135 Mill. m³ wurden insgesamt 616492000 m³ produziert. Das ist nach geringen Steigerungen in den Vorjahren ein großer Sprung vorwärts, der hauptsächlich den neuerschlossenen Feldern zu verdanken ist. Für 1963 wird sogar gegenüber 1961 eine Verdoppelung der Produktion erwartet. Dabei werden zwei neue Gasleitungen, die die Felder östlich Diepholz mit dem Kraftwerk Landesbergen und die Emslandfelder mit Dorsten verbinden sollen, eine Rolle spielen, da sie eine höhere Ausbeutung dieser Felder ermöglichen werden. Das Emsland wurde 1962 von Bayern übertroffen, das mit 207,1 Mill. m³ Trockengas, wozu noch 50 Mill. m³ Erdölgas von Ampfing kamen, etwa ein Drittel der westdeutschen Gesamtförderung lieferte. Die Stadtwerke von München verbrauchten allein 168 Mill. m³. Die größten Produktionssteigerungen in Bayern wiesen die Felder von Ampfing und Steinkirchen auf. Das große nordwestdeutsche Feld von Rehden produzierte dagegen 9 Mill. m³ weniger als 1961.

Im einzelnen belief sich die Produktion nach Angaben der Erdoel-Zeitschrift, Wien, Febr. 1963, in 1000 m³:

	1961	1962
Rehden	140209	131631
Itterbeck-Halle	6	61217
Wolfersberg	28032	39862
Weitermühle	40580	37931
Steinkirchen	18157	36402
Bentheim	35181	35980
Ampfing	1860	31102
Emlichheim	10107	29909
Stockstadt	29897	28397
Frenswegen	20811	24597
Wolfskehlen	19301	22196
Isen	17210	21556
Thönse	17253	19594
Hohenlinden	1207	18332
Schnaupping	6576	14154
Pfungstadt	13212	12216
Eich	8681	8072
Esche	12155	8033
Goldenstedt	1429	7497
Adorf	11316	6975
Meerdorf	1509	4657
Kalle	19553	3997
Gendorf	3376	3580
Düste	1513	3044
Dorfen	–	2364
Mühldorf-Süd	72	1000
Lingen-Dalum	–	658
Anzing	–	529
Ratzel	15481	472
Mönchsrot	160	294
Wielen	3840	124
Darmstadt	277	93
Frankenthal	1936	–
Aus Produktionsversuchen	335	27
	481232	616492

—Ha—

Die Erdölfunde von Abu Dhabi

Das kleine Scheichtum von Abu Dhabi am Südende des Persischen Golfs, das nur 15000 Einwohner zählt, scheint durch die sehr umfangreichen Erdölvorkommen, die dort vor kurzem entdeckt wurden, zu einem Faktor ersten Ranges in der Erdölproduktion des Nahen Ostens zu werden. Die Vorkommen sollen mit den saudi-arabischen und sogar mit denen von Kuweit vergleichbar sein. Von 13 Bohrungen, die in dem höffigen Gebiet (Murban-Ölfeld) niedergebracht wurden, sind fünf produktiv, sechs dienen der Erkundung, und zwei wurden aufgegeben. Bei Iabal Dhanna wird ein Hafen für große Tanker gebaut, der durch eine 70 Meilen lange Pipeline mit dem Murbanfeld verbunden werden soll. Ein 15-Millionen-£-Entwicklungsprogramm läßt den Umfang der Vorkommen vermuten, über die nähere Angaben noch zurückgehalten werden. —Ha—

Erze

Schrumpfende westliche Uranproduktion

Auf die hohen Erwartungen hinsichtlich der wirtschaftlichen Nutzung der Atomenergie in der westlichen Welt ist ein Pessimismus gefolgt, der sich in einem starken Rückgang und teilweise völligem Stillstand der Produktion ausdrückt. Nach einem Überblick, den die „VDI-Nachrichten", Düsseldorf, 23. 1. 1963, geben, stieg die Produktion von Uranoxyd in den Jahren 1955–1959 in den kapitalistischen Ländern von rund 11500 t auf 42000 t. Uranerz nahm dort 1959 in der Buntmetallerzeugung den zweiten Platz ein. Dabei spielte zwar der „strategische Bedarf" die Hauptrolle. Aber nicht allein die inzwischen eingetretene Überhöhung der geförderten Uranvorräte in diesen Ländern bewirkte den Rückgang, erst die Zweifel an der Wirtschaftlichkeit der Atomenergie auf absehbare Zeit verursachten den Pessimismus. Die Kosten von Kernenergiekraftwerken sind noch so hoch, daß die Atomenergie gegenüber Kohle und Erdöl nicht „konkurrenzfähig" erscheint. Statt mit 15 Mill. kW aus Kernenergie im Jahre 1967 wird jetzt mit nur 2 Mill. kW für zunächst 1965 gerechnet. Der gesamte Uranoxydbedarf der kapitalistischen Staaten wird für 1965 auf maximal 21000 t geschätzt, die gegenwärtige Produktion aber ist um mehr als die Hälfte höher.

Die Erzeugung von Urankonzentrat in den westlichen Ländern (mit 73 bis 80% U_3O_8) betrug in short t:

	1960	1961	1962 (geschätzt)
USA	17730	17399	17000
Kanada	12571	9557	8500
Südafrika ca.	6200	5002	5000
Frankreich	1060	1259	1200
Australien ca.	1100	1100	1000
Kongo ca.	1500	–	–
Kleine Erzeuger ca.	900	300	300

Der Produktionsrückgang ist jedoch auch durch eine Schrumpfung der westlichen Uranerzreserven, da eine Erkundung neuer Vorräte zumeist unterblieb, sowie durch den Ausfall des Kongos, wo die Gewinnung nach der Erschöpfung der Lagerstätte Shinkolobwe eingestellt werden mußte, mitbedingt. —Ha—

Die Eisenerzvorräte Afrikas und ihre Erschließung

Die großen Eisenerzlagerstätten Afrikas stehen zumeist noch vor ihrer vollen Erschließung. Die größten befinden sich in den Ländern Mauretanien, Gabun, Guinea und Liberia. Auch Libyen und Südafrika weisen bedeutende Lagerstätten auf. Die Vorräte von Fort Gouraud in Mauretanien werden auf eine Milliarde t mit 40 bis 63,8% Fe geschätzt, die von Mekambo in Gabun auf 850 Mill. t. Sehr bedeutend sind auch die Lager von Mont Nimba und Simandou in Guinea und die von Nimba Range, Bomi und Hills in Liberia, die sogar bis 70% Fe enthalten sollen. Die für die Erschließung erforderlichen Investierungen werden für Mekambo (Gabun) mit 2,4 Mrd. DM, für Mont Nimba (Guinea) mit 800 Mill. DM angegeben. In Liberia wurden von den für Nimba Range benötigten 853 Mill. DM bereits 400 Mill. investiert. Die Lagerstätten von Fort Gouraud in Mauretanien erfordern 650 Mill. DM, die von Fezzan 350 bis 500 Mill. DM an Erschließungskosten. Über die bis 1961 in einigen Ländern erreichte Steigerung in der Eisenerzförderung gibt „Stahl und Eisen", Düsseldorf, Nr. 28 vom 25. 10. 1962, folgenden Überblick:

Eisenerzförderung in 1000 t

	1936/1938	1959	1960	1961
Ägypten	–	180	200	200
Algerien	2456	1924	3444	2890
Angola	–	380	700	800
Guinea	–	359	400	450
Liberia	–	2905	3500	3600
Sierra Leone	691	1516	1563	1640
Südafrika	442	2892	3073	4080
Südrhodesien	–	140	150	160
Tunesien	838	982	1033	940
insgesamt	5865	12543	15640	16280

—Ha—

Eine Milliarde t Eisenerze in Gabun?

Über die sehr reichen Eisenerzlager im Osten der zentralafrikanischen unabhängigen Republik Gabun, die von französischen, deutschen und amerikanischen Geologen untersucht wurden, wird in den „VDI-Nachrichten", Düsseldorf, vom 29. 8. 1962 folgendes berichtet: Das Erzgebiet, das außer den Hauptlagerstätten ausgedehnte Nebenlagerstätten umfaßt, befindet sich zwischen den Orten Mekambo und Makoku in einer langen Gebirgskette, die 1200 m Höhe erreicht. Es handelt sich um hochwertige Eisenerze. Allein bei dem Ort Boka-Boka sollen 250 Mill. t abbauwürdige Erze mit 60 bis 63% Fe-Gehalt vorhanden sein. Ein noch größeres Vorkommen bei Bolinga soll sogar über 500 Mill. t mit 60% Fe enthalten. Die gesamten Vorkommen werden auf 1 Mrd. t geschätzt, wovon jährlich 20 bis 25 Mill. t abgebaut werden könnten. Da eine etwa 700 km lange Eisenbahn durch Urwald und Gebirge von Mekambo bis zur Küste erforderlich ist, mit deren Bau begonnen wurde, wird der Abbau erst bei mindestens 10 Mill. t jährlich wirtschaftlich. Der Hafen Pointe Denis soll zum Erzhafen ausgebaut werden. Eine weitere, auf 100 Mill. t mit jedoch nur 43% Fe geschätzte Lagerstätte ist nur 50 km von der Küste entfernt und kann daher mit geringerem Aufwand ausgebeutet werden. —Ha—

Neuer Kupferlagerstättentyp in Nordchile

Im Kupfererzvorkommen der Grube Buena Esperanca, 10 km südlich von Tocopilla im Norden Chiles, sind bis jetzt achtzehn, je etwa 3 m mächtige, mit Kupferglanz und Bornit vererzte Lavadecken in scharf abgegrenzter Wechsellagerung mit je etwa 7 m mächtigen tauben Decken von kompaktem Andesit nachgewiesen. Jedes Lager hat eine vererzte Fläche von 15000 bis 20000 m² und ist bauwürdig. Es scheint sich um eine primär-hydrothermale Vererzung zu handeln, die in den Lamprophyrgängen oder in den nachträglich mit Lamprophyr ausgefüllten Spalten ihren Ursprung haben kann. —s—

Das Silberbergwerk Caylloma in Peru

Der Erzdistrikt gehört der tertiären Andesitformation der Anden an; die bis zu 3 km Länge streichenden Erzgänge fallen mit etwa 60° ein. Die Mächtigkeit des San-Cristobal-Ganges schwankt zwischen 2 und 30 m, die durchschnittliche Mächtigkeit aller heute abgebauten Gänge zwischen 2 und 12 m. In der Regel sind die Erzgänge voll erzführend; bei Konzentration der Erzförderung auf parallel verlaufende Bänder ist Rhodonit ein zuverlässiges Leitmineral. Sekundär angereicherte Zonen reichen vom Ausbiß (in 4950 m Meereshöhe) 300 m tief. Der Silbergehalt beträgt etwa 566 g/t, der Goldgehalt 1,9 g/t. Die Hauptmenge des Silbers ist mit Bleiglanz vergesellschaftet, das Gold an Bleiglanz und Pyrit gebunden. Die Hauptgangarten sind Quarz, Kalzit und Rhodonit. Der Abbau erfolgt im Magazinbau. Die Förderung erreicht etwa 7000 moto. Die Aufbereitung setzt 300 tato Roherz durch. —s—

Sonstiges

Die Zukunft des kanadischen Bergbaus

Nur etwa ein Drittel des großen Gebiets von Kanada, dem nach der UdSSR flächengrößten Land der Erde, ist bis jetzt einigermaßen geologisch erforscht und kartographiert, und auch in diesem Drittel sind die Bodenschätze erst sehr ungenügend erkundet. Trotzdem ist über die umfangreichen Mineralvorkommen des Landes, dessen größte Zukunftsaussichten im hohen Norden liegen, bereits soviel bekannt, daß in einem in „Montan-Archiv," Nr. 95 vom 30. 11. 1962, gegebenen Überblick von einem „neuen Land der unbegrenzten Möglichkeiten" gesprochen wird.

In der Weltproduktion steht Kanadas Anteil an der Gewinnung von Nickel und Asbest bereits an erster, der Anteil an Gold, Platin, Aluminium und Zink an zweiter Stelle. Es besitzt auch reiche Vorkommen an Wolfram, Molybdän, Antimon, Kobalt, Wismut, Zinn, Silber und Selen. Der Jahresertrag aus dem Bergbau übersteigt bereits den aus der Landwirtschaft und der Holzverarbeitung (trotz der riesigen Waldgebiete); er hat sich seit 1945, wo er eine halbe Milliarde Dollar betrug, verfünffacht bzw., wenn man die Dollarabwertung berücksichtigt, verdreifacht. Einen großen Aufschwung nahm mit der Aufschließung der Eisenerzlagerstätten nördlich des St.-Lorenz-Golfs, an der Pazifikküste und in Britisch-Kolumbien die Eisenerzförderung. Von 1950 bis 1959 stieg sie von 3,2 Mill. t auf 25 Mill. t, für 1965 werden 45, für 1970 etwa 70 Mill. t erwartet. Seit neun Jahren steht das Erdöl unter den Fördermengen an erster Stelle. Als nachgewiesene Reserven werden jetzt 700 Mill. t angegeben. Die Vorkommen im arktischen Kanada und in den Teersanden von Athabasca, die auf viele Milliarden t geschätzt werden, sind dabei nicht berücksichtigt. Die Erdgasvorräte werden auf rd. 1000 Mrd. m³ geschätzt. Eine im Bau befindliche Bahn nach den Nordwestterritorien soll ab 1966 215000 t Konzentrate aus dem Bergbauzentrum Pine Point transportieren. Nach großen Wolframerzlagern und einer sehr ergiebigen Asbestlagerstätte in der an Alaska angrenzenden Region sowie nach der Bergbaustadt Yellowknife am Großen Sklavensee sind neue Straßen geplant. —Ha—

Diamanten und Eisen in Sierra Leone

Unter den Ländern der afrikanischen Westküste ist das kleine Sierra Leone reich an Diamanten und besitzt auch hochwertige Eisenerze. Die in den letzten Jahren stetig gesteigerte Diamantenproduktion hatte 1961 den Wert von 17,5 Mill. £. Davon entfielen 12 Mill. auf die Erträge einheimischer Diamantensucher. Der Rest wurde von dem Sierra Leone Selection Trust (SLST) gewonnen. Die im ersten Halbjahr 1961 exportierten Diamanten im Wert von 11,4 Mill. £ machten 60% der Gesamtausfuhr aus. Die ebenfalls beträchtlichen, von der Sierra Leone Development Co. (DELCO) abgebauten hochwertigen Eisenerze von Marampa in der Nordprovinz werden an Ort und Stelle aufbereitet und durch eine 92 km lange Bahn nach dem Erzhafen Pepel bei Freetown transportiert. 1961 wurden von der DELCO 1,78 Mill. t exportiert. Der Erzhafen wird wegen der voraussichtlichen Exportsteigerung ausgebaut, der Seekanal Freetown—Pepel vertieft. Auch ein auf mehrere Mill. t geschätztes Bauxitvorkommen mit 50 bis 60% Aluminium soll ab 1963 ausgebeutet werden. Für das Erdölgebiet an der Küste, das noch im Stadium der Erkundung ist, wurden bereits Konzessionen vergeben. —Ha—

Unterwasserbohrungen auf hoher See

Um Unterwasserbohrungen auch auf hoher See durchführen zu können, statt wie bisher nur in Küstennähe, wurde von der Shell Oil Co. in den USA eine riesige Bohrplattform mit überflutetem Schwimmkörper gebaut, bei der eine neue Technik die Installierung der Bohrgarnitur auf dem Meeresgrund ohne Zuhilfenahme von Tauchern erlaubt, worüber „Petroleum", Nov. 1962, S. 378—379, berichtet. Während Unterwasserbohrungen bis jetzt nur in Schelftiefen bis zu 60 m ausführbar waren, wobei die aussichtsreichsten Gebiete ungenutzt blieben, ermöglicht die neue Plattform, „Blue Water" genannt, solche in Tiefen bis zu 180 m, und selbst von Bohrungen bei 300 m Wassertiefe ist schon die Rede. Das 75 · 60 m große Überwasserdeck von „Blue Water" ruht auf vier 30 m hohen, 12 m tief eintauchenden Hohlkörpern, „stabilising bottles", die unten durch ein Gitterwerk von riesigen Rohren verbunden sind. Die Plattform liegt selbst bei Winterstürmen mit 9 m hohen Wogen praktisch regungslos, so daß Tiefbohrungen ohne Störung niedergebracht werden können. Ein automatisches System wirkt mittels Ballasttanks bei wechselnden Belastungen regulierend. Abgesehen von der für die Verankerung und die Installierung der Bohrgarnitur erforderlichen Zeit, sind die Bohrzeiten annähernd dieselben wie bei Landbohrungen.

Die Installierung der am Meeresgrund (statt auf einem hohen Pfeiler) postierten Bohrkopfgarnitur (well head) erfolgt mittels eines fünf Leitsäulen tragenden Führungskastens, von dem aus ein kleinerer Kasten in den Boden versenkt und einzementiert wird, während die Leitsäulen der Montierung des ganzen Geräts dienen. Diese geschieht unter dem Auge einer Unterwasser-Fernsehkamera, wobei alle Ventile und sonstigen apparativen Teile von oben über hydraulische Druckschläuche betätigt bzw. gesteuert werden. Auch die Preventer werden hydraulisch betätigt. Bei erfolgreicher Bohrung wird eine Kontrollvorrichtung für die Produktion hinzumontiert, an die die Pipeline angeschlossen wird.

Die erste Meeresboden-Bohrgarnitur mit dieser neuen Technik wurde Ende 1961 im Golf von Mexiko in Stellung gebracht. Drei Erkundungsbohrungen wurden sodann in

40 Meilen Abstand von der Küste von Louisiana niedergebracht. Eine davon erreichte in 21 Tagen 3400 m Teufe, eine andere in 32 Tagen 4000 m Teufe. Bei einer vierten Bohrung betrug die Wassertiefe 100 m. Mit einer fünften Bohrung wurde Mitte August 1962 begonnen. —Ha—

Das Blatt Leipzig M 33—I der hydrogeologischen Kartierung der DDR im Maßstab 1:200000

Im Frühjahr 1961 wurde die erste hydrogeologische Karte, das Blatt Görlitz, im Maßstab 1:200000 fertiggestellt und der Fachwelt vorgelegt. Auf dieser Grundlage fand eine breite Diskussion über Darstellungsmethodik und ähnliche Probleme statt. Die Ergebnisse wurden gründlich ausgewertet und bei der Bearbeitung und Gestaltung des zweiten Blattes, Leipzig M 33—I, genutzt.

Dieses Blatt ist seit April 1963 im Vertrieb des Zentalen Geologischen Instituts für dienstliche Zwecke zum Preise von 15,— DM erhältlich.

Dem Blatt Leipzig M 33—I liegt ein Kartenschnitt zugrunde, der der Instruktion über die Zusammenstellung und Drucklegung geologischer Karten und Lagerstättenkarten im Maßstab 1:200000 in den Mitgliederländern des Rates für gegenseitige Wirtschaftshilfe (RgW) entspricht. Mit dieser Maßnahme wurde die Einheit zu den anderen geologischen Karten dieses Maßstabes hergestellt.

Das Blatt Leipzig M 33—I besteht aus 4 verschiedenen farbigen Karten im Maßstab 1:200000. Auf einer hydrogeologischen Grundkarte, die praktisch in Weiterentwicklung der auf Blatt Görlitz gezeigten Darstellungsmethodik entworfen wurde und gegenüber den anderen Beikarten eine Vorrangstellung einnimmt, fand im wesentlichen eine übersichtliche Gliederung nach hydrogeologischen Bereichen statt. Außerdem wurden Mächtigkeit, Lage und Beschaffenheit der Grundwasserleiter mit den von Blatt Görlitz her bekannten und etwas verbesserten Methoden dokumentiert. Besonderer Wert wurde auf eine zusätzliche Dokumentation durch Angabe zahlreicher charakteristischer Bohrergebnisse gelegt. Diese Bohrergebnisse sind dem Erläuterungsheft beigegeben. Insgesamt wurden Schichtenverzeichnisse von 374 Bohrungen und Brunnen angegeben und meist durch eingehende hydrogeologische Spezialerläuterungen ergänzt. Das Erläuterungsheft, in A-5-Format und mit einem Umfang von 153 Seiten, besitzt weiterhin einen Textteil mit den Abschnitten Einführung, hydrogeologische Übersicht, Grundwasserchemismus, Grundwasserdargebot und -nutzung und regionale Beschreibung der Hauptgrundwasserführung sowie einer Zusammenstellung von 624 Grundwasser-Analysenergebnissen. Letztere wurden zur Herstellung der ebenfalls farbigen Karte Chloride, Maßstab 1:200000, und der im Erläuterungsheft eingebundenen einfarbigen hydrochemischen Karten Eisen und Härte, Maßstab 1:300000, verwendet.

Die hydrogeologische Grundkarte findet eine weitere wichtige Ergänzung in einer isometrischen Profildarstellung, die dem Betrachter einen guten Einblick in die Lagerungsverhältnisse der wichtigsten Grundwasserleiter verschafft.

Auf einer vierten farbigen Karte im Maßstab 1:200000 wurde der Versuch unternommen, die Grundwassernutzungsverhältnisse und die Grundwasserdargebotslage in den noch ungenutzten Gebieten darzustellen. Diese sogenannte Grundwasservorratskarte ist als erster Versuch zu werten, das Grundwasserdargebot zahlenmäßig absolut auf diese Weise zu erfassen und zu dokumentieren.

Mit Ausnahme der Grundwasservorratskarte, die in gewissem Sinne noch etwas entwicklungsbedürftig ist, stellt die hydrogeologische Kartierung des Blattes Leipzig M 33—I ein Musterblatt dar, dessen Grundzüge und methodischer Inhalt als Beispiel für die in den nächsten Jahren fertigzustellende hydrogeologische Kartierung der Deutschen Demokratischen Republik speziell für den mehr als zwei Drittel des gesamten Kartierungsgebietes einnehmenden Lockergesteinsbereich gültig sein werden.

ZIESCHANG

Ein Rechenzentrum für Erdöltechnik

Eine elektronische Rechenanlage vom Typ IBM 1401, die 16000 Kernspeicherstellen umfaßt, wurde von der Hauptverwaltung der Deutschen Erdöl-AG (DEA) in Hamburg in Betrieb genommen. Sie soll — außer einer Rationalisierung der Verwaltung — hauptsächlich technisch-wissenschaftlichen Aufgaben dienen und die Arbeiten der Lagerstättenerkundung erleichtern sowie in der Bohr- und Fördertechnik, der Bergbautechnik und der Verarbeitungssteuerung eingesetzt werden. —Ha—

Verfahren zum Abteufen von Schächten

Nach dem neuen Verfahren wird im Zentrum des abzuteufenden Schachtes eine Kernbohrung niedergebracht, die gleichzeitig auch als Aufschlußbohrung dienen kann. In dieser Kernbohrung, die bis auf die letzte wassertragende Schicht durchgeführt wird, erfolgt in der letzten standfesten Schicht über dem wassertragenden Horizont eine Torpedierung. Hierdurch wird das Gebirge zerklüftet und eine wasserführende Verbindung zu den abzubohrenden Kranzbohrlöchern hergestellt. Die vorgeschlagene Torpedierung der Kernbohrung hat nicht den Zweck, das Gebirge zu entwässern, sondern einzig und allein die Aufgabe, das im Schacht anfallende Wasser den Kranzbohrungen zuzuleiten.

Die Abb. zeigt die praktische Durchführung:

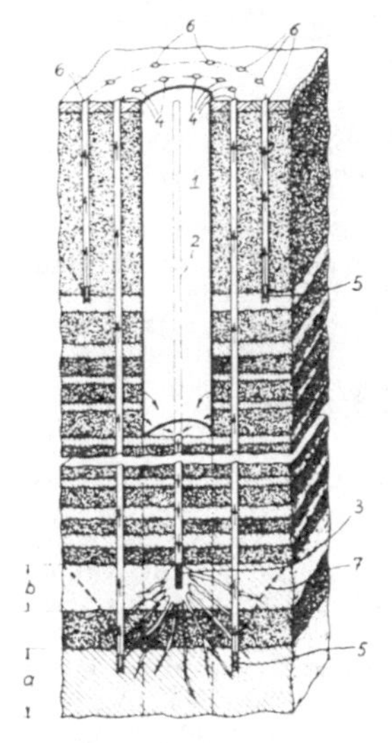

Im Zentrum des zu teufenden Schachtes (1) wird eine Kernbohrung (2) niedergebracht, die gleichzeitig die Aufschlußbohrung des Schachtes sein kann. Diese Kernbohrung wird bis auf die wassertragende Schicht (a) niedergebracht. Nach Beendigung der Zieharbeiten des Bohrgestänges wird das Bohrlochtiefste durch eine Sprengladung (3) in der untersten festen Gesteinsbank (b) über der wassertragenden Schicht (a) torpediert.

Die Abstände der möglichst senkrecht niederzubringenden Bohrungen vom Ausbruch des zukünftigen Schachtes richten sich nach der Beschaffenheit des Gebirges und liegen beispielsweise bei 3 m. Der Durchmesser der Kranzbohrungen beträgt zweckmäßig 350 mm.

Nach Niederbringung der Kranzbohrungen werden in diese Tieftauchpumpen (5) eingehängt, und es wird mit dem Abpumpen des Wassers begonnen.

Bei besonders starken Wasserzuflüssen können auch innerhalb des Schachtquerschnitts mehrere Bohrlöcher niedergebracht werden.

Die Absenkung des Grundwassers innerhalb des Bohrkranzes ist einfach am Stand des Wasserspiegels in der oder den Kranzbohrungen zu verfolgen. Entsprechend dem Absinken des Grundwasserspiegels werden die Abteufarbeiten durchgeführt. Bei den üblichen Gebirgsverhältnissen reicht ein Kranz von Bohrungen zur Absenkung des Grundwasserspiegels aus. Falls jedoch gefährliche Schwimmsandschichten durchteuft werden müssen, bringt man zweckmäßig mehrere Kränze von Bohrungen nieder.

DBP.-Anmeldung 1143169 H. FRIEDEMANN

Vorrichtung zum Auslesen von kleinen zerbrechlichen Teilchen, wie Mikrofossilien, Sedimenten oder fein zertrümmertem Gestein

Die mikropaläontologische Untersuchung von Gesteinsproben findet bisher in der Weise statt, daß das vorher zertrümmerte und aufbereitete Gestein in einer Sortierschale unter ein Binokularmikroskop gestellt wird. Dort werden die gewünschten Mikrofossilien mit Hilfe einer Nadel, einer Pinzette oder eines Pinsels aus dem feinverteilten Material herausgehoben. Dieser Arbeitsgang nimmt viel Zeit in Anspruch. Da man heutzutage beim Bohren nach Öl und/oder Gas in der Regel den bei jeder Bohrung geförderten Bohrschmand ständig auf diese Weise untersucht, sind im Untersuchungslabor eine relativ große Zahl von Personen beschäftigt. Man muß über ein umfangreiches und folglich sehr kostspieliges Instrumentarium verfügen, um die Untersuchungen laufend vornehmen zu können.

Nach einer neuen Erfindung ist hier eine rationellere Arbeitsweise möglich. Die neue Vorrichtung enthält eine Transport-, Zugabe-, Beobachtungs- und Ausleseeinrichtung. Zwischen Abgabebehälter und Transportfläche ist eine Abdichtung aus einem weichen, feinfaserigen, elastischen Material vorhanden. Die Seitenwände des Abgabebehälters laufen wenigstens an der Stelle der Austrittsöffnung trichterförmig in der Transportrichtung auseinander. Eine endlose Transportfläche ist im Bereich der Austrittsöffnung eines Abgabebehälters schräg nach oben geneigt und dabei konvex gewölbt, wodurch eine dünne, im wesentlichen kontinuierliche Schicht der kleinen Teilchen entsteht. Hinter dem

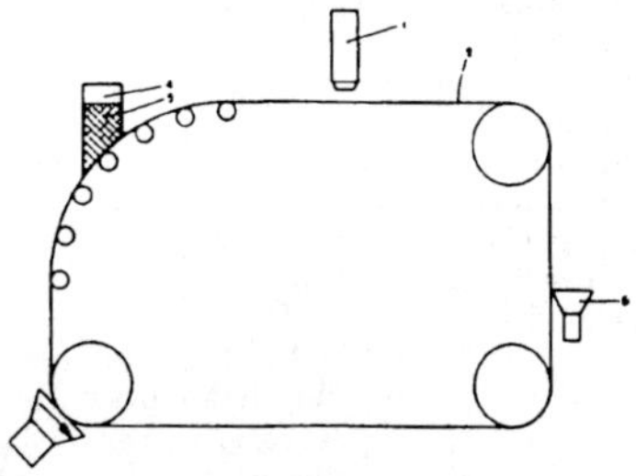

Behälter befindet sich eine optische Vergrößerungseinrichtung zur Beobachtung des Materials, wobei die Transportfläche zur Beobachtungseinrichtung hin allmählich in Horizontallage übergeht.

Unterhalb einer optischen Einrichtung (1) läuft ein Transportband (2), das aus einem polierten Federstahlband besteht. Über dem Teil (3) verläuft die Neigung des Transportbandes, z. B. gemäß einer elliptischen oder parabolischen Kurve. Gegenüber diesem Teil befindet sich ein Behälter (4) mit Austrittsöffnung (5), welcher das zu behandelnde Material enthält. Durch das Zusammenwirken des Bandes und des Behälters wird das Material ganz oder wenigstens größtenteils in einer einfachen Schicht auf dem Band ausgebreitet, welches es dann durch das Gesichtsfeld der optischen Einrichtung (1) bewegt. Dort werden von einem Beobachter die gewünschten Teilchen oder Körper ausgewählt und in eine Auffangvorrichtung abgestrichen. Das restliche Material fällt in einen Abstreiftrichter (6). Das Stahlband wird durch eine rotierende Bürste (7) wieder gereinigt, die den noch verbleibenden Staub von der Oberfläche abfegt.

DBP.-Anm.: 1139666. H. Friedemann

Neuartige biegsame Unterwasserölleitung

Eine biegsame Unterwasserpipeline neuen Typs wurde, wie „Petroleum", Sept. 1962, berichtet, von der Simplex wire and cable Co., Cambridge, Massachusetts, eingeführt. Um das plastische innere Leitungsrohr, das aus Polyäthylen besteht, sind zunächst zwei Schichten Jute gewickelt. Darüber folgt eine Schicht von in Asphalt gepacktem Stahldraht, der spiralig um die Jute gewunden ist, sodann eine zweite Jutewicklung und schließlich eine Asphaltpackung als Außenhülle. Die Gesellschaft produziert laufend Rohre, die sowohl für Gas- wie auch für Flüssigkeitstransport verwendbar sind. Die Leitung dieses Typs wurde zuerst bei der 500 m langen Durchquerung des Hampton River in New Jersey verwandt und kostete halb soviel wie die stark korrodierte und oft reparierte Stahlleitung, die sie dort ersetzte. Sie kann in unbegrenzter Länge verlegt werden, ohne unter ihrem Eigengewicht zu brechen, und unter Wasser von Gezeiten- und anderen Strömungen ohne Verminderung ihrer Brauchbarkeit verschoben werden. —Ha—

Kurznachrichten

In den **ukrainischen Erdölgebieten** von Stanislawow (Vorkarpaten) und Poltawa (Dnjepr-Donez-Mulde) werden demnächst die beiden neuen großen Lagerstätten Gnedinzew und Katschanow in Produktion genommen. Die Erdölförderung der Ukraine soll von 2,8 Mill. t (1961) bis 1965 auf 6,7 Mill. t gesteigert werden.

Die **Erdgasproduktion** der **EWG-Länder** wird nach einer von „DIM", 17. 12. 1962, wiedergegebenen Schätzung bis 1970 von 10,7 Mrd. m³ (1960) auf 24,7 Mrd. m³ anwachsen.

Jugoslawien produzierte **1962** 1525500 t **Erdöl** gegenüber 1340750 t im Vorjahr. Die Raffinerien lieferten nach 1363000 t im Vorjahr 1962 1665000 t, und zwar 322000 t Benzin, 532000 t Gasöl und 321600 t Petroleum.

Das südfranzösische Erdgasfeld **Lacq** produzierte **1962** 4444 Mill. m³ Trockengas, 17,6% mehr als im Vorjahr. Bei der Aufbereitung wurden gewonnen: 329000 m³ Naturbenzin, 53600 t Propan, 74400 t Butan, 77000 t schweres Heizöl, 1350000 t Schwefel, 11800 t Äthylen.

Die **Erdölvorräte** der **Sahara** wurden Anfang 1963 auf 613 Mill. t geschätzt, davon in der mittleren Sahara: Hassi Messaoud 375, Rhorde el Baguel 45, El Gassi/El Agreb 10; in der östlichen Sahara: Zarzaitine 80, Edjéleh 35, Tin Fouyé 35, Tiguentourine 15, El Adeb Larache 10, Ohanet 8.

Brasilien verfügt nach einer Schätzung der staatlichen Erdölgesellschaft Petrobras von Ende 1962 über **Erdölvorräte** von 97,1 Mill. t.

In **Australien** wurde die **Aufschlußbohrung** Sunnybank 1 (im westlichen Surat-Becken, Queensland, nordwestlich des Ölfeldes Moonie) in 1786 und 1806 m Teufe fündig und lieferte bei einem Förderversuch 95,4 m³/T wasserfreies Öl.

Auf der arktischen **Melville-Insel** (Kanada) wurden **Teersandausbisse** einer triassischen Sandformation von 18 bis 24 m Mächtigkeit entdeckt, deren Öl bedeutend leichter sein soll als das der Teersande von Athabasca.

Eine neue **„Lignit"-Lagerstätte** von rd. 100 Mill. t wurde in **Nordungarn** südlich Miscolz festgestellt. Das acht Meter mächtige Flöz ist tagebaumäßig zu gewinnen. In der Nähe befindet sich noch ein weiteres Vorkommen von 50 Mill. t.

Die Suche nach **Uranerzlagerstätten in Italien** hat ergeben, daß ein Vorkommen bei Novazza im Tal des Sério in der Provinz Bergamo am aussichtsreichsten ist. Es weist 600000 t Erzvorräte mit im Durchschnitt 0,12% U_3O_8 auf. Zum Abbau wird es wegen der z. Z. niedrigen Uranpreise jedoch vorläufig noch nicht kommen.

In **Katanga** stieg **1962** die **Produktion** von Kobalt um 15%, die von Kupfer nur unwesentlich, während die von Zinkkonzentraten um 8,7%, die von Germanium um 47,5% geringer und die von Gold und Cadmium nur halb so hoch war wie im Vorjahr.

In der **FVR Jugoslawien** wurden in Sedlar bei Gnjilane **Eisenerze** mit 43% Fe-Gehalt neuentdeckt, die auf 1 Mill. t geschätzt werden und von dem Eisenwerk Smederevo verarbeitet werden sollen.

Die **Zinkproduktion in Großbritannien** betrug 1962 97884 long tons und war um 5% höher als im Vorjahr. Die britischen Importe von Hüttenzink gingen dagegen um 18000 auf 144947 long tons zurück.

Die **Bauxitproduktion Ungarns**, die 1961 gegen 1960 um 12% gestiegen war, ist 1962 gegen das Vorjahr mit 1,5 gegen 1,4 Mill. t um 8,5% gestiegen.

Die **sowjetische Aluminiumerzeugung** stieg von 1952 bis 1961 auf mehr als das Dreifache. Obwohl in der gleichen Zeit die Bauxitförderung auf das Viereinhalbfache stieg, mußten jährlich 400000 bis 500000 t hochwertigen Bauxits eingeführt werden.

Der **flüssige Aluminiumtransport**, bei dem das Metall mittels Spezialfahrzeugen in flüssiger Form von der Hütte zur Gießerei transportiert wird und zwei Arbeitsgänge gespart werden, wurde 1962 erstmalig in Westeuropa eingeführt.

Die **Bohrlochabstände** in **Texas** sind von der Texas Raibroad Commission dahin neu geregelt worden, daß auf je 40 acres (16187 m²) Feldfläche nur eine Bohrung niedergebracht wird und ein Bohrlochabstand von 366 m nicht unterschritten werden darf.

Der Bau des **längsten Unterwassertunnels** der Welt, der die japanischen Inseln Honshu und Hokkaido verbinden wird, hat mit der Anlage von zwei 6 m breiten und 200 m tiefen Schächten, von denen aus der Tunnel vorgetrieben werden soll, begonnen.

Herausgeber: Staatliche Geologische Kommission und Zentrale Vorratskommission für mineralische Rohstoffe der Deutschen Demokratischen Republik. Für die kollektive Chefredaktion: Dr. K. Kauter (Redaktionssekretär), Berlin. Redaktion: Berlin N 4, Invalidenstraße 44. Verlag: Akademie-Verlag GmbH, Berlin W 8, Leipziger Straße 3–4 (Fernsprecher 220441, Telex 011773, Postscheckkonto: Berlin 35021). Bestellnummer des Heftes 1047/9/9. Die „Zeitschrift für angewandte Geologie" erscheint monatlich. Bezugspreis 2,– DM je Heft. – Satz und Druck: Druckhaus „Maxim Gorki", Altenburg. Veröffentlicht unter der Lizenznummer 1279 des Presseamtes beim Vorsitzenden des Ministerrates der Deutschen Demokratischen Republik. Karten: MdI der DDR, Nr. 467, 778, 834

FSC
www.fsc.org
MIX
Papier | Fördert gute Waldnutzung
FSC® C083411

Zeitfracht Medien GmbH
Ferdinand-Jühlke-Straße 7
99095 Erfurt, Deutschland
produktsicherheit@kolibri360.de